AF232388

EPHEMERIDE MANVELLE.

Contenant vne methode facile pour auoir cognoiſſance du cours du Soleil, de la Lune, des Feſtes de l'annee & du temps, qui ſeruira tant pour les annees paſſeés que futures, deuant & apres la reformation du Kalendrier.

Le tout redigé par articles partie en vers pour plus facilement les retenir, & partie en proſe.

Par A. D. R. S. D. S. L.

A PARIS,

Par FRANÇOIS HVEY, ruë S. Iacques au ſoufflet verd deuant le College de Marmoutier. Et en ſa boutique au Palais deuant la porte de la ſainĉte Chapelle.

Iɔ. Iɔ. CVIII.

Auec Priuilege du Roy.

L'AVTHEVR A MONSIEVR

MAISTRE PAVL DE RIVIERES

Seigneur de Grange, Conseiller du Roy, & Magistrat en la Preuosté & Siege Presidial de Paris.

VOVS aurez ie croy aggreable (Mōsieur) que ie vous enuoye & dedie cest petit œuure, tel qu'il est, non selon vostre merite qui reluist par deça, encore que ne vous y ayons veu: Mais ne le treuuerez du tout hors de propos, d'auec vne partie des belles obseruations contenuës en vostre grand & non iamais assez loüe œuure, de l'Histoire generale du monde. Prenez le donc de bonne part se-

A ij

EPISTRE.

lon mon affection, & permettez que
voſtre nom y ſoit veu pour mon contē-
tement & aſſeurance:que ſi la petiteſſe
du preſent ne vous deplaiſt, lequel y a
plus de douze ans (comme en meioüit
& pour paſſer honneſtement le loiſir de
hors de mō ſemeſtre)i'ay tracé,il ſortira
plus hardiment en lumiere, & pourra
aggreer à pluſieurs,m'obligeant de plus
en plus à demeurer le tout,

De Rhennes ce 2. Mars 1607.

Voſtre A D. R. ſieur de
S. LOVP.

EPHEMERIDE MANVELLE.

Des cinq doigts de la main.

ART. I.

'Ephemeride ou Compoſt Manuel eſt ainſi appellé par ce qu'on peut tout cognoiſtre ſur la main, en cóptant & ſupputant ſur les doigs & joinctures d'iceux qui ſont cinq, nommez en Latin *Pollex, Jndex, Medius, Medicus, Auricularis*, En François le Poulce, le doigt Demonſtratif, le Moyen, le Medecin ou Annulaire & le petit Auriculaire.

A iij

Des cinq parties du Compost.

ART. II.

A presente Ephemeride contient cinq parties. La premiere du Cicle du Soleil, & des lettres Dominicales. La deuxiesme, de la Lune & du nóbre d'Or. La troisiesme des festes Mobiles· La quatriesme de l'Epacte. La cinquiesme & derniere des quatre temps de l'annee. C'est à sçauoir du Printemps, de l'Esté, de l'Automne, & de l'Hyuer.

Du Cycle du Soleil, & du nombre des joinctures de la main.

ART. III.

E Cycle du Soleil , contient
vingt huict ans , & est vne espace de temps , auquel les lettres Dominicales se changent en vingt
huict façons , puis elles recommen-
cent: Lesquels vingt huict ans , on doit
situer sur les vingt huict joinctures des
quatre doigts de la main gauche, sans
compter le Poulce : Lesquelles s'ap-
pellent en Latin; Sçauoir les quatre du
dedans de la main: *Prima Radix, secunda supra Radix, tertia supra radix, & sum-
mitas* , Qui est le bout du doigt, & les
3. de dehors: *Prima sub vngula, secunda,
sub vngula, & glossa Radix,* qui sont les
sept joinctures de chacun doigt.

A iiij

MEDIVS
INDEX
Dei
14
MEDICVS
Cælum
15
AVRICVLA
RIS
13
Filius
Esto
9
Dei
Cælum
Bonus
10
Accipe
11
Bonus
16
Gratis
12
5
Bonus
Accipe
Gratis
6
Filius
7
Esto
8
POLLEX
Gratis
Filius
I
1560
1532
1504
Esto
2
Dei
3
Cælum
4
Le dedans de la
main gauche

*Figure de la vieille main pour cognoi-
stre les lettres Dominicales & le nombre des
annees du Cycle du Solaire, sur lequel elles
sont reglees & ce pour les annees precedentes
l'An 1583.*

CEste main contient l'ordre de la
situation des lettres Dominicales,
des annees precedentes la reformatió
sur les 28. ioinctures d'icelle rapportees
au cours du Cycle solaire, & qui sont
demonstrees par vn vers que nous exposerons cy apres.

Filius esto Dei cœlŭ bonus Accipe Gratis.
Le chiffre monstre l'ordre qu'il faut tenir pour auoir les lettres Dominicales,
& outre le nombre des annees du cycle solaire qui sont vingt huict, situees
sur les vingt huict ioinctures de la main
tant dedans que dehors icelle.

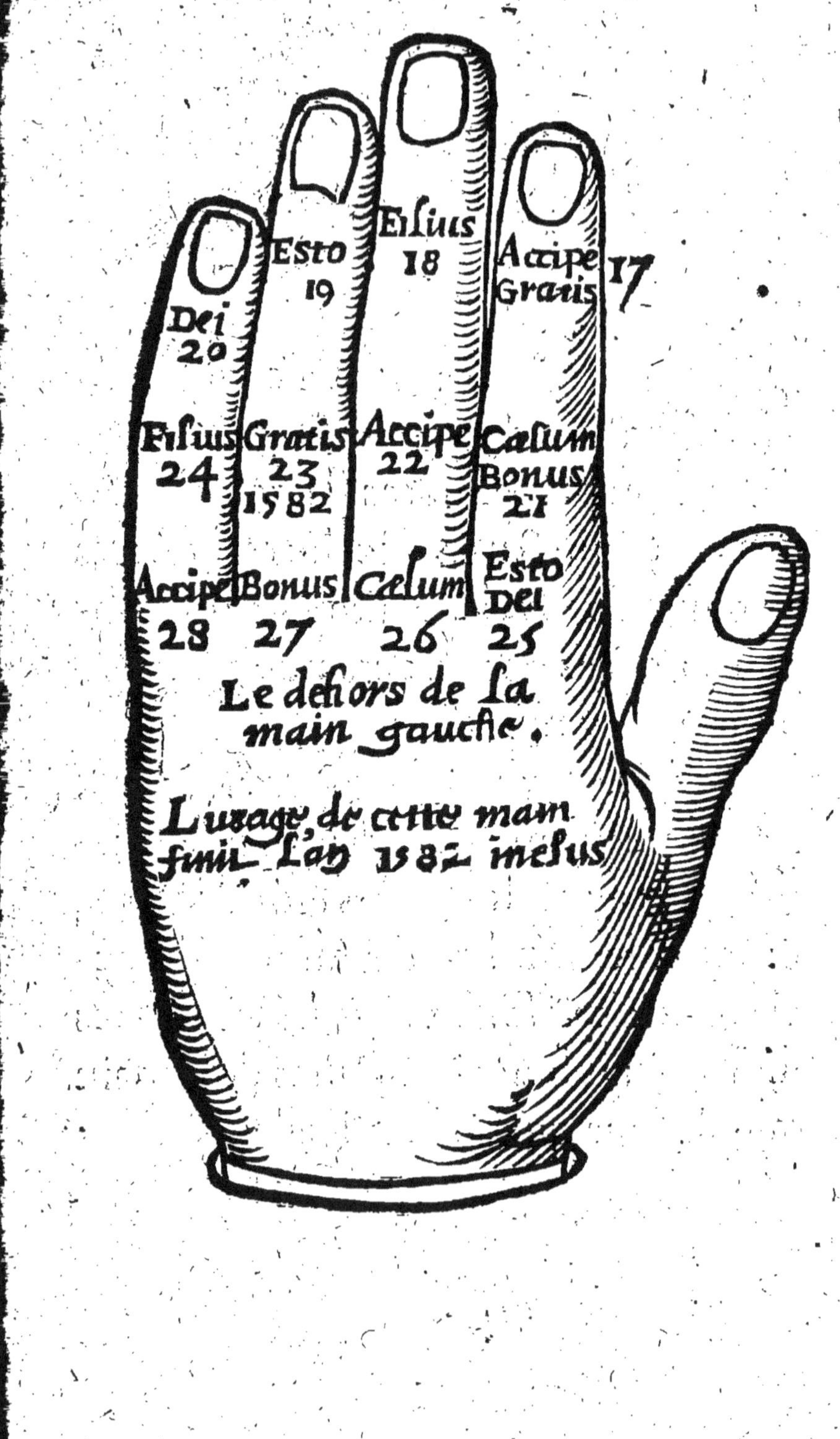
Esto
19
Fisius
18
Accipe 17
Gratis
Dei
20
Fisius Gratis Accipe Celum
24 23 22 Bonus
1582 21
Accipe Bonus Celum Esto
Dei
28 27 26 25
Le dehors de la
main gauche.
L'usage de cette main
finit l'an 1582 inclus

Les lettres estoient ainsi attribuees aux 7. planettes auant la reformation du Kalendrier.

Venus. G.
Le Soleil E.
La Lune D.
Mars   C.
Mercure B.
Iupiter   A.
Saturne   F.

ARTICLE IIII.

EN ceste main tant dedás que dehors, y a vn mot à chacune joincture duquel la lettre Capitalle est la lettre du Dimanche; Sinon au doigt nommé *Index* Où il y a deux mots, sont les annees Bissexte:ausquelles y a tousiours deux lettres Dominicalles. L'ordre & la muneration du chiffre, monstre comme elles doiuent estre comptees de rang;

Sçauoir vn à la premiere ioincture du doigt demonstratif, 2. à la premiere du doigt moien, 3. à la premiere du doigt medecin : Et ainsi consequemment nous auons merqué à la premiere ioincture du doigt demonstratif les annees 1560. 1532. & 1504. pour monstrer que ces annees-là Bissextilles, estoient les lettres G. F. Dominicales, d'autant qu'il faut estre fondé asseurement, & sçauoir vne annee pour paruenir à celle que l'on desire sçauoir: Que si elle estoit deuant l'annee 1504. il ne faut que tousiours oster 28. & ce qui reste l'attribuer à ladicte premiere ioincture. L'vsage pour trouuer lesdites lettres en ceste main a duré 1582. ans, comme nous auons merqué au doigt medecin à la ioincture, appellee *Secunda sub vngula* : Où est ce mot, *Gratis* : Qui monstre la lettre Dominicalle de l'annee 1582. vingt & troiziesme du Cycle Solaire.

Figure de la main reformee depuis l'An 1583. inclus. 7

Gratis
14

Filius
15

13 Bonus Accipe

Esto
10

Dei

Esto
16

9 Gratis Filius

Cælum
6

Dei

Cælum
12

5 Esto Dei

Accipe
2

Bonus
7

Accipe
8

Cælum Bonus
1588

Accipe
2

Gratis
3

Filius
4

Accipe Filius Esto Dei
Gratis 1585 1586 1587
1584

Bonus
1583

Le dedans de la
main gauche

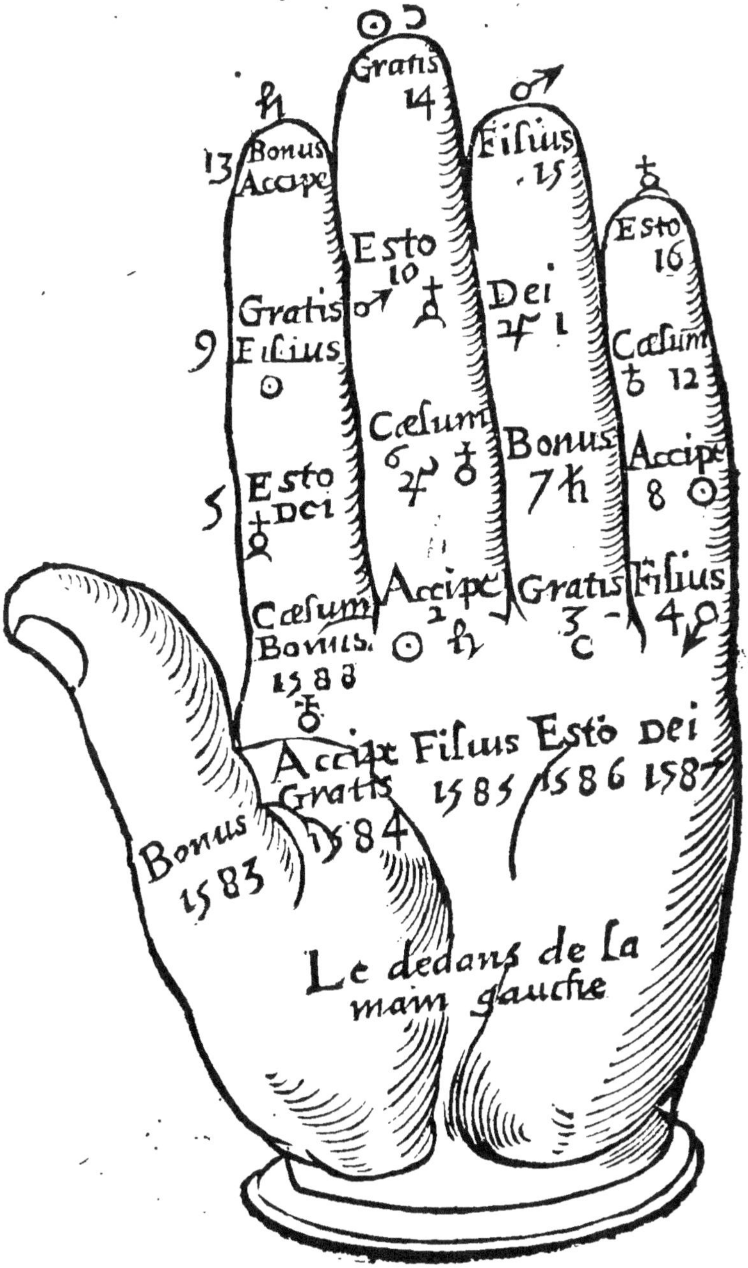

Nous auons merqué en cette nouuelle main commét chacun des 7. planettes domine les vingt huict annees
du Cycle du Soleil ayant chacune an-
neeſa planette ou deux en pareille ordre & rang qu'elles faiſoient deuant la
reformation ✳ Venus dominant tou-
jours la premiere anneé dudit cycle Solaire tant en la vieille qu'en cette nouuelle main.

Figures des carracteres des 7. *planettes.*

Saturne	♄
Iupiter	♃
Mars	♂
le Soleil	✳
Venus	♀
Mercure	☿
la Lune	☐

En chaque joincture vous trouuez
la lettre dominicale, la quantieſme
elle eſt du Cycle Solaire, & la planette qui la domine: & la lettre attribuee à
chacun.

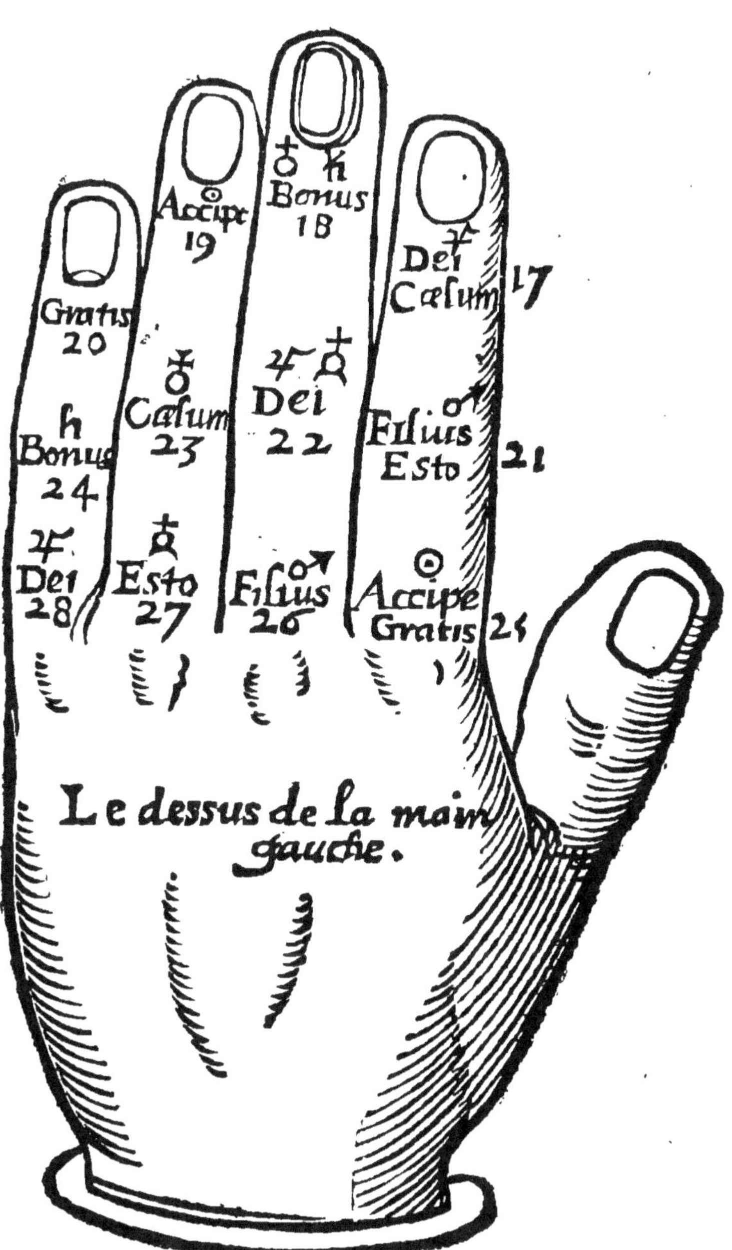

Bonus
18
Accipe
19
Dei
Cælum 17
Gratis
20
h
Bonus
24
Cælum
23
Dei
22
Filius
Esto 21
Dei
28
Esto
27
Filius
26
Accipe
Gratis 25
Le dessus de la main
gauche.

ARTICLE V.

Ien que les lettres Dominicales ayent esté changees si
est ce que le Cycle solaire n'a
pas esté chágé pour cela, ains
est demeuré le mesme ordre de la dominatió des planettes sur les 28 annees
dudict cycle, car comme ainsi soit que
Venus ayt tousiours dominé la premiere annee, & Mars la quatriesme, es-
quelz deuant la reformation se trou-
uoient sçauoir ces lettres G. F. à ladicte
premiere annee & C. à la 4. au iourd'huy
n'y a autre changement sinon que la
lettre C. est à Venus F. à Mars A. au
Soleil G. à la Lune B. à Saturne D. à Iupiter E. à Mercure, & ne durera ce reglement de lettres que iusques à l'An
1700. inclus.

De

De l'Interpretation de la main.

ART. VI.

POur entendre & practiquer ceste main, tant dedans que dehors, & cognoistre les lettres Dominicalles : il y a vn vers Latin sur les vingt huict ioinctures des doigts d'icelle, qui est :

Filius esto Dei Cœlum bonus Accipe gratis.

Autrement en Fráçois, on pourroit dire, fils es du Ciel bien à gré : Lequel vers soit Latin ou François a sept motz, desquels les lettres Capitalles, monstrét les sept lettres Dominicalles, & se repetent d'ordre sur lesdites ioinctures iusques à la vingt cinquiesme & dernie re annee du Cycle Solaire. Ces vers sont

B

prins du vieil compost: en la vieille main sur la premiere ioincture se trouuent ces mots, *Gratus Filius*, qui monstrét que depuis 1582. ans ces deux lettres G. F. ont tousiours esté pour le Dimanche en l'annee Bissextille, du premier an dudit Cycle, puis, E. pour la 2. monstré par *Esto* & consecutiuement supputant d'ordre on s'arreste & finit vostre nombre, telle est la lettre Dominicalle de l'annee. Le chiffre monstre l'ordre qu'il faut tenir en comptát tout tel qu'en la vieille main, sinon que la premiere annee dudit Cycle, qui est aussi bissextille, a maintenant pour lettres Dominicalles C B. qui est *Cælum Bonus* sçauoir C. pour le commencement de l'annee & B. pour le reste, puis A, pour la deuxiefme. Nous auons mis les cinq premieres annees apres la reformatió apart, donnant *Bonus* à l'An mil cinq cens quatre vingt trois, a fin

de commancer la main nouuuelle côme la vieille, par le premier an du Cycle du Soleil: Car l'annee mil cinq cens
quatre vingt trois, estoit la vingt-qua
triesme dudict Cycle: Est à noter que
ceste main ne durera pour les lettres
Dominicalles que iusques a l'An mil
sept cens exclus, mais pour la domination des planettes tousiours.

De la maniere de refaire vne autre
main.

ART. VII.

CEste main comme dict est,
ne durera que iusques en
l'An 1700. pour trouuer les
lettres Dominicalles, d'autât
que ladicte annee ne sera pas de Bissexte, & partant n'y aura qu'vne lettre Do-

minicalle, ce qui n'eſtoit pas auparauant la reformation ; car toutes les annees centieſmes eſtoient Biſſextilles,
mais pour refaire vne autre main, il ne
faudra que mettre ce mot *Cælum*, ſur la
dicte premiere ioincture du doigt *In-*
dex, puis *Bonus* ſur la premiere du
doigt moyen, puis *Accipe*, ſur la meſme du doigt Medecin, & ſur la meſme
du petit doigt *Gratis*, & puis mettre *Fi-*
lius eſto ſur la ſeconde ioincture dudict
doigt nommé *Index* : Et ainſi conſe-
quamment ſelon & en la forme que la
precedente ; puis en chacune annee
centieſme ne compter qu'vn mot pour
auoir la lettre Dominicalle de ladicte
annee, puis reconter comme auparauant, mais cela n'eſt que pour trois annees centieſmes & conſecutiues, car la
quatrieſme & centieſme annee ſera de
Biſſexte, & partant n'y aura changement au precedent reiglement des let-

tres Dominicalles. Somme que pour
perpetuelle reigle pour auoir la lettre
Dominicalle felon la reformation du
Kalendrier Gregorien, faut fçauoir que
ces lettres Dominicalles ont en l'efpace
de quatre cens ans trois reglemens diuers, & puis elles retournent & recô-
mançent confecutiuement, comme
par exéple pour l'an 1700. ce mot *Cæ-*
lum monftre la lettre Dominicalle, &
partát la premiere annee du Biffexte du
prochain reiglen. ét apres, aura pour let
tres Dominicalles *Filius Efto :* C'eft à
dire F. E. Au fecond reiglemét ce mot
Efto fera pour la lettre Dominicalle en
l'an que l'on dira 1800. & la premiere
annee de Biffexte apres aura *Accipe*
Gratis, c'eft à dire A. G. Au troifiefme
reiglement qui fera l'an 1900. y aura
pour lettre Dominicalle *Gratis*, c'eft à
dire G. & pour le premier Biffexte d'a-
pres *Cælum Bonus*, c'eft à dire C. B. que'

B iij

reiglement durera deux cens ans à caufe de l'annee centiefme Biffextille qui y
efchet , laquelle ne change point le reiglement , puis en l'an 2100 elles recô-
menceront confecutiuement: Vne dif-
ference y a feullement: c'eft qu'elles ne
retournent pas au mefme Cycle Solaire: ains font de diuers, comme au prochain reiglement l'annee eft la premiere du Cycle Solaire. Au quatriefme elle
eft la neufiefme. Quand on fçait le cô-
mancement d'vn reiglement, il eft facile de fçauoir le refte, & l'ordre que
l'on doit tenir par le vers fufdict, qui
eft fi neceffaire, qu'il n'y a moyen fans
iceluy, de pouuoir retenir le rang def-
dictes lettres Dominicalles. Tout ce
qu'il faict à notter, eft que quand l'on
aura ofté vn mot pour vne annee centiefme, il le faut remettre pour les autres annees en fon ordre, repetant touf-
jours ledit vers.

Vieille figure des lettres Dominicalles.

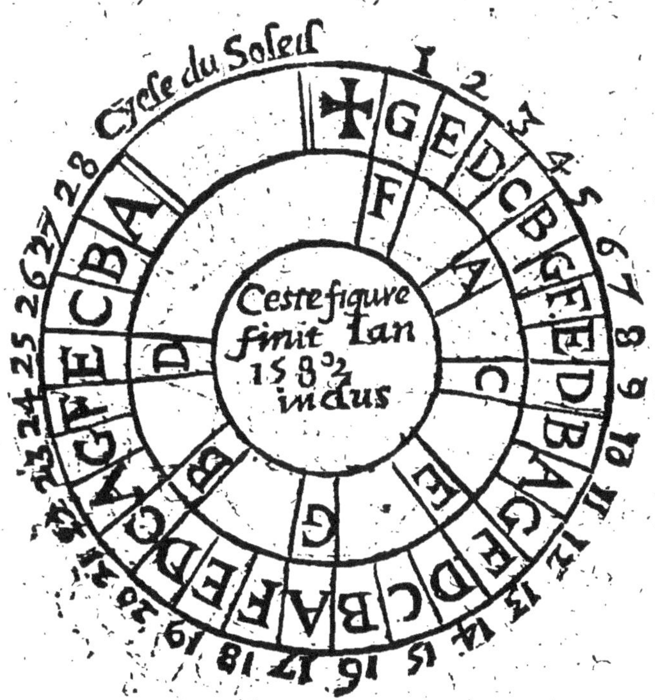

B iiij

Figure reformée des lettres Dominicalles selon le Cycle Solaire.

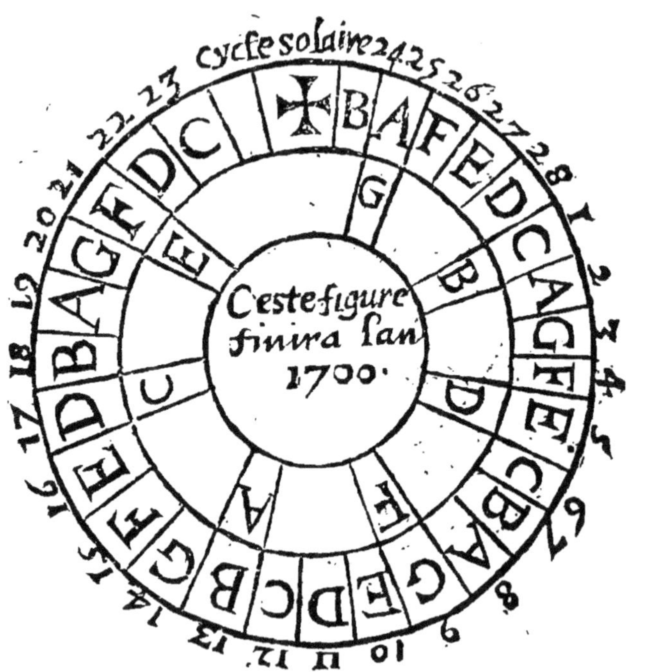

DV SOLEIL.

ART. VIII.

E Soleil eſt appellé l'œil du monde, la beauté du Firmament, la fontaine de chaleur, le Recteur & Roy des planettes, qui diuiſe l'an & le temps, nous donnant les quatre ſaiſons de l'annee ſeló qu'il s'approche ou recule de nous de l'vn à l'autre pole, & dit on qu'il fut cree en Mars, & mis par noſtre Seigneur au premier point du premier degré du Mouton, ainſi comme le monde y fut baſty dict ce vieil vers,

Principium mundi Renouat G. tertia Martis.

C'eſt à dire en François que le monde fut faict le troiſieſme, G. du mois de

Mars : c'eſt le dixhuictieſme dudict mois.

De l'An du Soleil.

Art. VIIII.

EST a entendre que l'on a donné à l'An du Soleil, iuſques en l'an *1582.* trois cens ſoixante cinq iours, & ſix heures, leſquelles ſix heures font de quatre ans en quatre ans, vn iour que l'on appelle Biſſexte, mais le temps par ſucceſſion, a monſtré que les ſix heures ne ſont pas entieres, ains qu'il n'y a que cinq heures & 47. à 48. minutes; c'eſt à dire la cinquieſme partie d'vne heure moins de ſix heures, qui faiſoit qu'en ſix vingt ans l'An Solaire eſtoit trop long d'vn iour: à quoy on a reme-

dié par le retranchement des dix iours
& par la reformation du kalandrier.

DV BISSEXTE.

ARTICLE X.

EST à noter que ces cinq heures & 48 minutes, font au bout
de quatre ans quaſi vn iour,
c'eſt à dire 23. heures & douze minutes
qui fôt la cinquieſme partie d'vne heure ; Ce neantmoins par ce que l'on ne
ſçauroit faire autrement de 4. en 4. ans
on met le iour tout entier, & partant
quatre parties d'heure, dont les cinq
font le tout, plus qu'il ne conuient au
cours du Soleil de 4. en 4 ans, qui sôt
enuiron 48. minutes: Ce iour eſt inter-
calle en Phœbus, qui n'a que 28. iours
en l'annee commune, & de 4. en 4. ans

on luy donne vingt & neuf, & quand
cela se faict on appelle ceste annee Bif-
sextille, posant le iour de Bissexte sur
le vingt-quatriesme iour dudict mois,
iour sainct Mathias, qui est le sixiesme
deuant les Calendes de Mars, & le lendemain contant la lettre F. deux fois,
est celebree le vingt cinquiesme ladicte feste S. Mathias comme disent ces
vers.

Bissextum sextæ martis tenuere Calendæ.
Posteriore die celebrantur festa Mathiæ.
Sinon qu'elle vint au iour du Samedi
pour le seruice du Dimanché, qui em-
pescheroit seullement, & reculeroit le
seruice de ladicte feste, au prochain
Dimanche suyuant se change la lettre
Dominicalle pour le reste de l'annee.

De cognoistre les annees de Bissexte.

Art. XI.

Es annees de Bissexte se co-
gnoissent, quand on peut di-
uiser les ans, depuis l'Incarnation de nostre Seigneur en quatre parties esgalles, toutes telles annees sont
Bissextilles, reigle infaillible iusques à
l'an 1700. quelle annee à cause de la
reformation ne sera de Bissexte, puis
icelle passee la reigle recommancera
iusques à l'ã 1800. par ce que les annees
centiesmes ne seront Bissextilles, iusques à la quatre centiesme, dans le Cycle Solaire il y a sept annees de Bissexte.

Art. XII.

Vi dauenture ne pourroit trouuer la lettre Dominicalle de quelque annee, ou autre precedente en noſtre main, ſoit pour le temps paſſé ou aduenir: cecy eſt infaillible, faut diuiſer les ans de l'Incarnation de noſtre Seigneur Iᴇꜱᴠꜱ-Cʜʀɪꜱᴛ par vingt huiĉt ans, & auec le nombre qui reſtera adjouſter 9. ou s'il ne reſte rien prendre touſiours 9. telle ſera l'annee du Cycle Solaire qui aura pour lettre Dominicalle la lettre Capitalle du mot qui ſe rencontrera sur le nombre finiſſant. La raiſon pourquoy il faut adjouſter neuf, ſur le tout eſt, d'autant que noſtre Seigneur n'a-

quit au neufiefme an du Cycle Solaire,
& au deuxiefme de celuy de la Lune,
comme difent ces vers.

Ille fuit Solis nonus Lunæque fecundus,
Cum facra concepit Virgo tulitq; Deum.
Et quand il fouffrit pour nous.

Solis erat decimus quintus decimufque
Dianæ
Poft fextum, Dominus quando pependit
homo.

Pour compter & diuifer les ans fufdicts.

ART. XIII.

Our faire la fufdicte diuifion,
eft àfçauoir que de cent ans
diuifez par 28· en reftent 16.
& de mil ans reftent 20. de
cinq cens ans reftent 24.& de mil cinq
cens reftent 16.ans par ainfi cefte pre-

sente annee 1593.adjoustât 9.auec 9. &
16 qui restér,& ostât 28.se trouue la sixiesme du Cycle du Soleil, où est ce
mot *Cælum* en nostre main à la joincture deuxiesme du doigt moyen , prenát
la vieille main pour les annees precedentes l'an 1583. & la nouuelle pour les
annees depuis passees & aduenir,com-
me dict est.cette reigle emporte toutes
les autres, selon la verité dudict distique.

Des Concurrentes.

ART. XIV.

LEs Concurrentes sont sept
en nombre, sçauoir A.B.C.
D.E.F.G. C'est à dire Lundy, Mardy, Mecredy,Ieudy,
Vendredy,Samedy, Dimanche : Elles
seruent

seruent pour sçauoir le nom des iours
de l'annee, quel qu'il soit, depuis le premier iour de l'An, iusques au dernier,
& se renouuellent tousiours au mois
de Mars consecutiuement, en memoire de Romulus dict on premier Roy
des Romains, qui commença son an
audict mois ; Nous dirons premierement ce qui estoit de l'ancienne obseruance, & puis nous monstrerons la
nouuelle

De l'ancienne obseruance des Concurrentes,
& regulieres.

Art. XV.

Ancienne obseruance des
Concurrentes estoit, pour
trouuer le nom de chacun
premier iour des mois de l'ã,
& puis sçachant par quel iour le mois

commençoit, on procedoit selon ce-
stuy-là par tous les iours du mois, &
pour paruenir à la cognoissance de ce
premier iour, failloit joindre la Concurrente aux regulieres des feries du
mois puis commencer à compter par
le nom de la Concurrente & on finis-
soit le nõbre, tel estoit le nombre du 1.
iour du mois : Les regulieres des feries
ont certain nombre, attribué à chacũ
mois de l'ã, lequel nõbre iamais ne chãge non plus que le nombre attribué à
iceux pour la Lune sur les mois du Soleil. Or doncq Mars auoit pour ses regulieres 5. & tous les autres ainsi qu'ils
sont notez, comme pour sçauoir quel
estoit le premier iour de Mars 1580. ie
prens la Concurrente Vendredy qui
estoit la derniere de cette annee là.

Mars	5.	Septembre	7.
Auril	1.	Octobre	2.
May	3.	Nouembre	5.
Iuin	6.	Decembre	7.
Iuillet	1.	Ianuier	3.
Aoust	4.	Feurier.	6.

Puis les regulieres dudict mois, qui font 5. & comptant cinq, depuis Vendredy se void que ledit premier de Mars 1580 estoit vn Mardy, de mode qu'vne mesme Concurrente seruoit pour les mois de Ianuier, & Feburier de l'an suyuant. Tellement que pour sçauoir quel estoit le premier iour de Feburier en ladicte annee 1580. il ne failloit pas prendre ny Vendredy ny Ieudy, ains celle de l'annee 1579. qui estoit Mecredy.

Littera mutatur Iano subeunte manetq;
Cõcurrẽs donec sit Mars quia tũc renouatur
Principium mũdi renouat à tertia Martis.

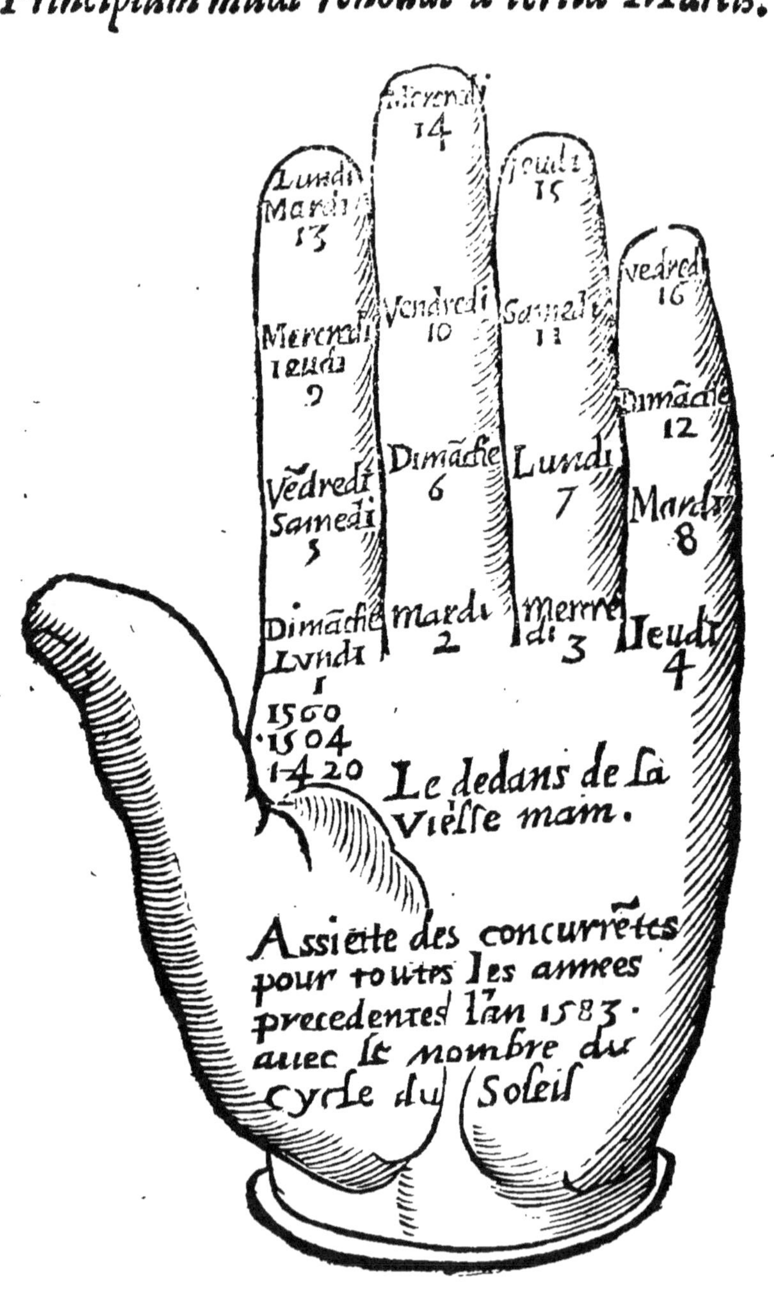

Mercredi 14
Lundi Mardi 13
Ieudi 15
Mercredi Ieudi 9
Vendredi 10
Samedi 11
Vedred 16
Dimãche 12
Vẽdredi Samedi 5
Dimãche 6
Lundi 7
Mardi 8
Dimãche Lvndi 1
Mardi 2
Merredi 3
Ieudi 4
1560
1504
1420
Le dedans de la Vielse main.
Assiette des concurrẽtes pour toutes les annees precedentes l'an 1583. auec le nombre du Cyrle du Soleil

De *la nouuelle obſeruance des regulieres des feries.*

ART. XVI.

E qui a eſté dict cy deſſus, e-
ſtoit de l'ancienne obſeruance qui eſtoit peu commode,
& difficille, par ceque l'on n'a
prenoit que le premier iour de chaque
mois, & puis il failloit compter le reſte, elle anticipoit les deux mois de l'ã-
nee ſuyuante, & le pis eſtoit qu'il n'y
auoit point de reigle certaine, ny facile pour trouuer la Concurrente, à cauſe des annees Biſſextilles, eſquelles il en
failloit obmettre vne. Maintenant le
tout ſera ſi facile & commode par nos
reigles que quelque annee que ce ſoit,
deuant la reformatió ſe trouuera & co-

gnoiſtra auſſi facilement & promptement que celles d'apres par vn meſme moien ſeruant la Concurrente qui
ſera renouuellee en Ianuier dés le premier iour dudict mois iuſques au dernier de Decembre, auec meſme reigle
pour la trouuer facillement ſur la main
& joinctures des doigts, comme les lettres Dominicalles, tant pour le paſſé
que le futur.

De commencer tout ce qui eſt du Kalandrier
au mois de Ianuier.

ART. XVII.

Omme a eſté dict cy deſſus
le monde fut cree le troiſieſme G. du mois de Mars, cóme l'anciéneté en auoit laiſ-
ſé pluſieurs veſtiges, & eſt merqué en

quelques vieux regiſtres, *Primus dies
ſæculi,* où les Concurrentes & regulieres commençoiẽt ſelon ce vers, que les
Epactes en Septembre.

*Mars Concurrentes renouat September
     Epactas.*

Mais tout cela à bon droit a eſté cor-
rigé, & doiuent ſe renouueller en Ianuier, ainſi que le nombre d'or, les lettres Dominicalles, les feſtes mobiles &
les clefs pour les trouuer.

Aureus in Jano claues & feſta nouãtu

                    C iiij

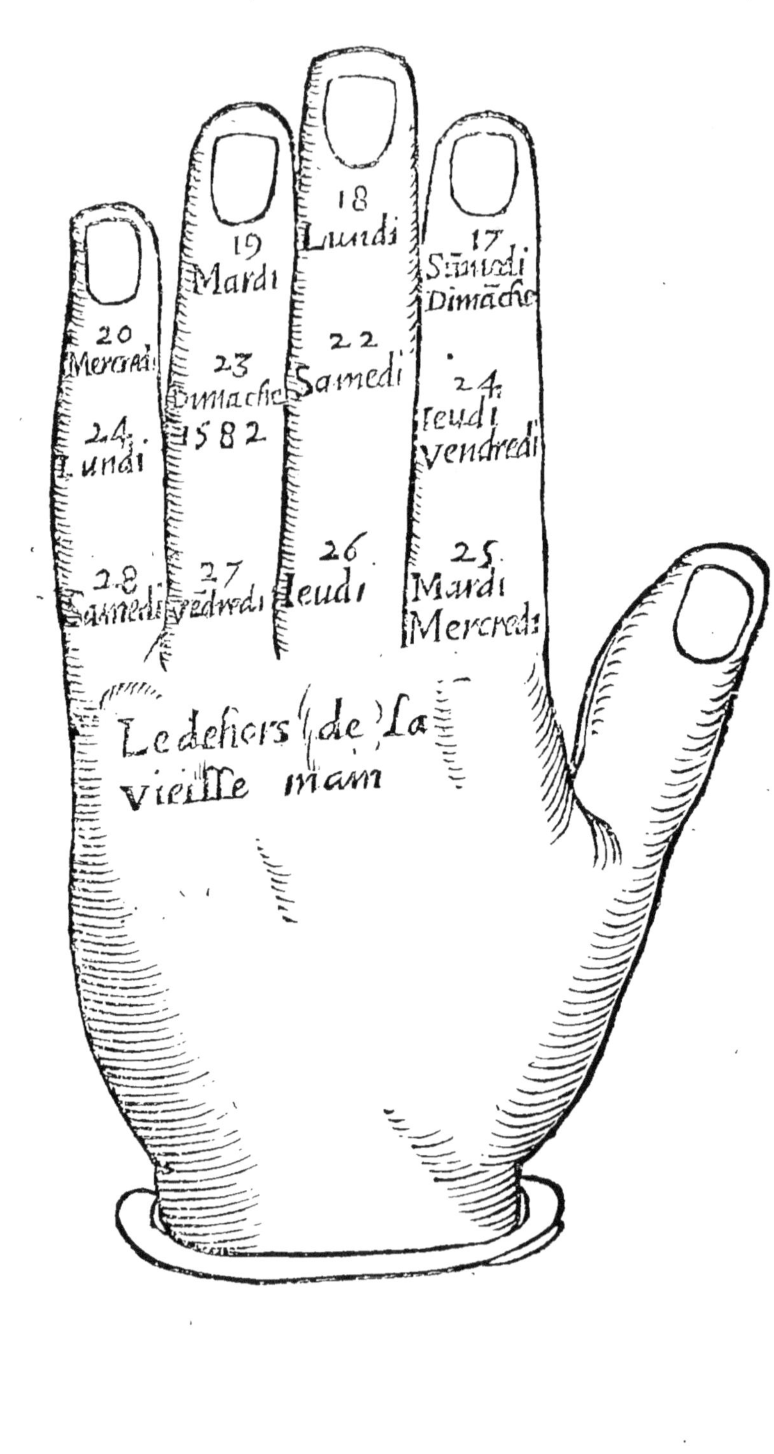
20
Mercredi
24.
Lundi
28
Samedi
19
Mardi
23
Dimache
1582
27
vedredi
18
Lundi
22
Samedi
26
Ieudi
17
Samedi
Dimache
24.
Ieudi
vendredi
25
Mardi
Mercredi
Le dehors de la
vieille main

ART. XVIII.

Ette affiette de Concur-
rêtes finit l'an *1582.* vingt
& troifiefme du Cycle
Solaire côpris iufques au
14. iour de Decembre dudiƈt an, car
pour le refte dudit mois de Decembre,
que l'on compta du 14. iour au vingt-
cinquiefme, faudroit prendre Ieudy
pour Concurrente, afin de ne s'abufer,
ou bien fi on ne donne audit mois que
21. iour, la Concurrente dudit an 1582.
qui eft Dimanche feruira iufques au-
diƈt 21. iour & dernier dudit mois : En
fomme cefte main a duré mil cinq cés
quatre vingt & deux ans.

Et pour trouuer la Concurrente de

l'vne de ces annees-là, si l'annee recherchee est comprise entre celles qui sont
merquees sur le doigt dict *Index*, comme apres l'an 1420. ou 1504. faudra cómencer à compter sur la premiere joincture dudit doigt, Dimanche, Lundy,
& compter iusques à ce qu'ayez trouué
vostre annee & sa Concurrente consequemment: Si elle est auparauant toutes ces annees merquees, pour l'auoir
promptement sans tant compter, fau-
dras'ayder de l'art. 13. qui est de la diuision des annees par 28 adjoustant 9. sur
le tout, car sçachant la quantiesme du
Cycle Solaire sera ladicte annee, vous
aurez en la main sa Concurrente, par
exemple ie veux sçauoir la ferie ou le
nom de quelque iour en l'an mil, pour
trouuer incontinent sa Concurrente,
diuisant, suyuant l'art. 13. mil, par 28. ie
trouue qu'il en reste 20. lesquels auec 9.
font 29. partant ladicte annee estant la

premiere du Cycle Solaire auoit pour
Concurrente Dimanche, Lundy, merquez en la main fur ladicte premiere
joincture du doigt demonſtratif, ſçauoir Dimanche pour Ianuier, & Feurier, & Lundy pour le reſte des dix
mois, d'autant que c'eſtoit vne annee
de Biſſexte, & ainſi des autres.

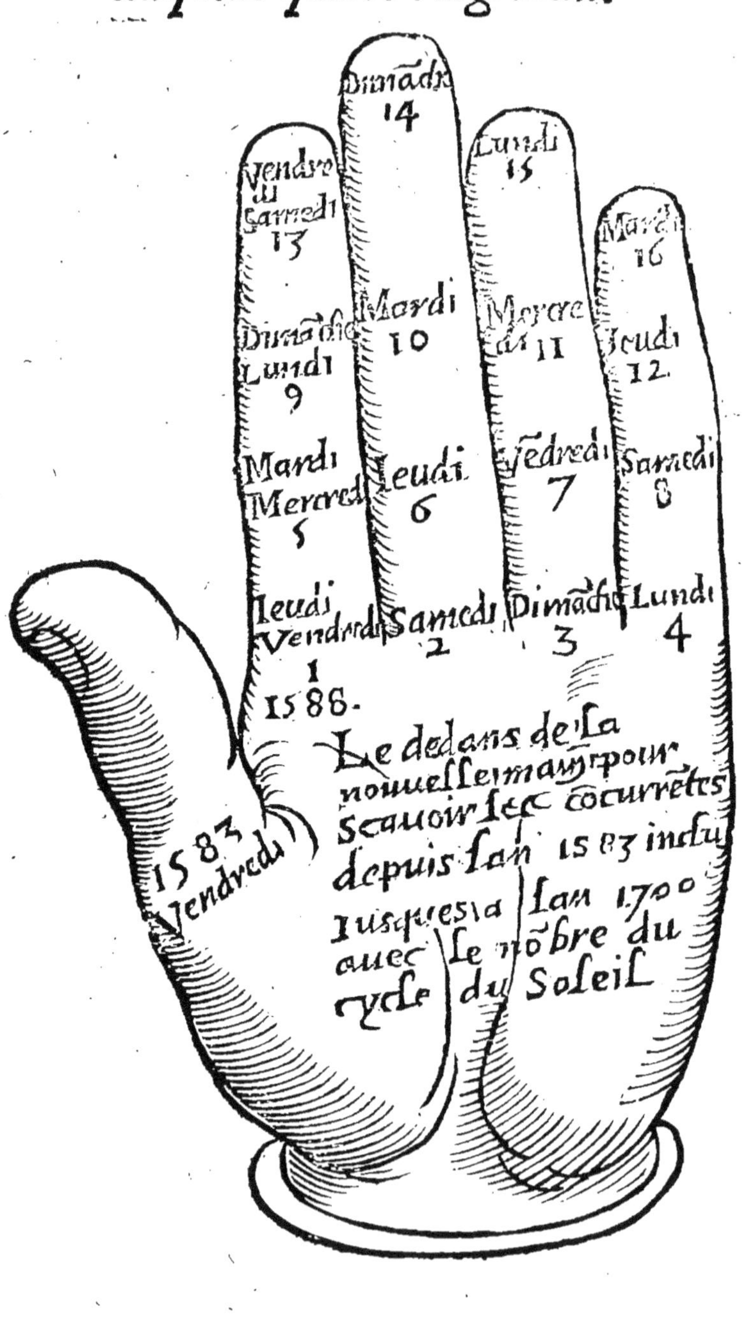
Dimãche
14
Vendredi
Samedi
13
Lundi
15
Mardi
16
Dimãche
Lundi
9
Mardi
10
Mercre
di 11
Ieudi
12.
Mardi
Mercredi
5
Ieudi
6
Vedredi
7
Samedi
8
Ieudi
Vendredi
1
Samedi
2
Dimãche
3
Lundi
4
1586.
1583
Vendredi
Le dedans de la
nouuelle main pour
scauoir les cocurrêtes
depuis l'an 1583 inclu
Iusques à l'an 1700
auec le nõbre du
cycle du Soleil

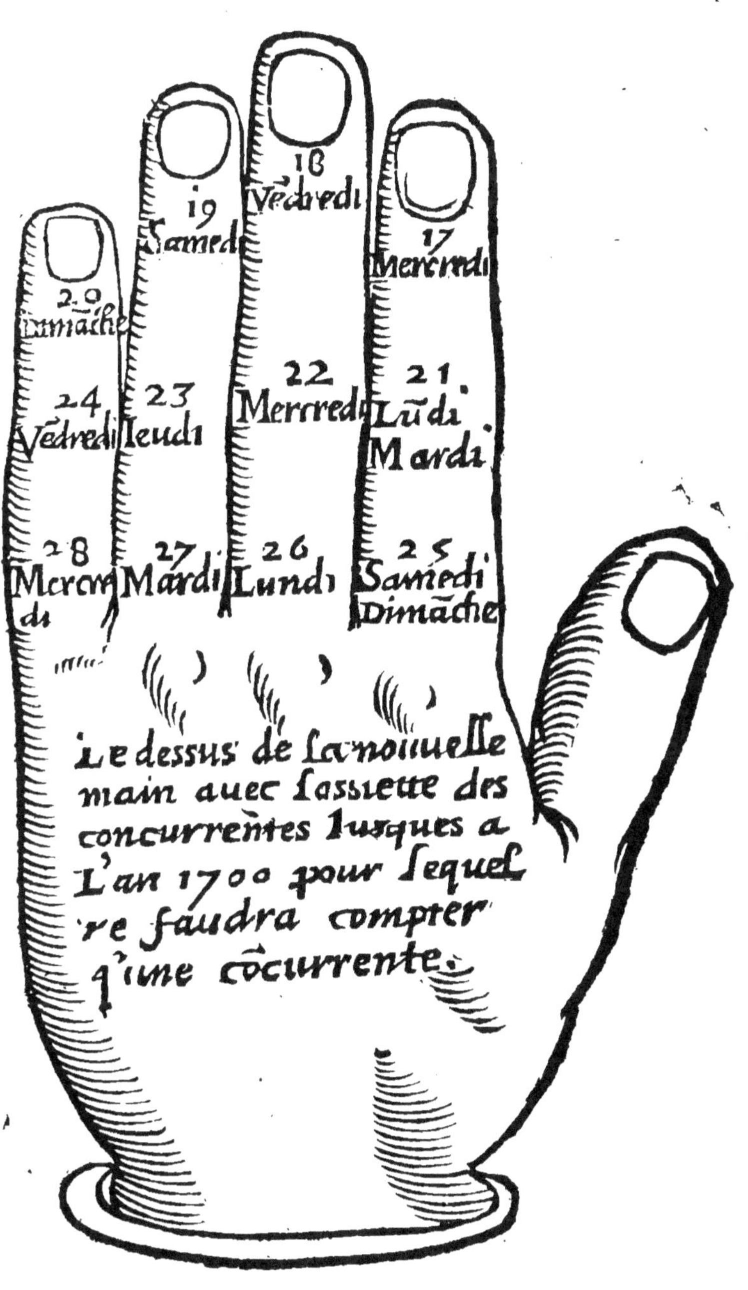
20
Dimãche
19
Samedi
18
Vēdredi
17
Mercredi
24
Vēdredi
23
Ieudi
22
Merrredi
21.
Lūdi
Mardi
28
Mercre
di
27
Mardi
26
Lundi
25
Samedi
Dimãche
Le dessus de la nouuelle
main auec l'assiette des
concurrentes iusques a
l'an 1700 pour lequel
re faudra compter
q'une cocurrente.

Des Concurrentes & regulieres des feries de chacun mois.

ART. XIX.

POur doncques dóner reigle generalle de trouuer les feries, & nommer chacun iour des mois de l'annee, tant passee, presente, que future : Esquels iours le trentiesme d'vn mois que l'on desire sçauoir, cómençant depuis le premier iour de Ianuier, iusques au dernier de Decembre faut noter que chacũ mois a certain nombre qui ne cháge iamais, Sçauoir.

Ces nombres sont les regulieres des feries, qu'il faut auoir en memoire próptement, les feries sont les iours de la sepmaine, Lundy, Mardy, &c que no⁹ appellons auſſi Concurrentes.

Ianuier	1.	Iuillet	0.
Feburier	4.	Aouſt	3.
Mars	4.	Septébre	6.
Auril	0.	Octobre	1.
May	2.	Nouébre	4.
Iuin	5	Decébre.	6.

Et pour mieux retenir par cœur leſdites
regulieres des mois, faut ſçauoir ce s qua
tre vers.

Iãuier & Octobre vn pour leur regulier ont,
Feburier le frilleux, 4 Mars & Nouébre.
Auril & Iuillet rien, deux au mois de May
    ſont,
Cinq à Juin, Aouſt trois, ſix Septembre &
    Decembre.

La reigle ſe practique ainſi, Si vous
voulez ſçauoir par quel iour comméce le mois, faut prendre la reguliere dudit mois, & la joindre auec vn pour le
premier iour, puis commencer à compter ſur ce nombre par la Concurrente

de l'annee, comme fi c'eftoit Ieudy ou Védredy, en nommant l'vn apres l'autre, les iours de la fepmaine, & ou finira voftre nóbre, tel fera le premier iour du mois que l'on defire fçauoir, & fi le mois n'a point de reguliere, comme Auril & Iuillet, la Concurrente fera le premier iour d'iceluy. Si c'eft quelque autre iour que le premier, comme ou le 7. ou le 15. ou autre : Adjouftez auec le quátiefme du mois fa reguliere, puis jettez tout par fept, comme 7.14.21.& 28. Et fur ce qui reftera du nóbre feullement au deffous de fept, faut compter les iours de la fepmaine, commençant par la Cócurrente de l'annee: mais s'il ne refte rien, faut cópter la fepmaine tout du long, & au iour que finira le nombre, tel fera le iout cerché. Nottez que cefte maniere de trouuer les iours fe praticque, tant deuant comme apres la reformation du kalendrier.

Exemple

Exemple de ce que deſſus.

ART. XX.

POur ſçauoir quel iour c'eſtoit le 28. Iuilïet an 1488. iournee S. Aubin, par ce que ce mois n'a point de regulieres, ie par- tis ce nombre 28. par 7. retenant la der- niere ſeptenne : Ie commence à com- pter les iours de la ſepmaine, Commé- çant par Mardy, ſeconde Concurren- ce de ladite annee ſe trouue que ledict iour eſtoit vn Lundy. Pour la preſente annee 1593. ſçauoir q̄l iour eſt le 15. May auec 15. i'adjouſte ſes regulieres 2. qui ſont 17. puis iettant 14. & comptát ſur les trois qui reſtent Ieudy Concurren- ce de ladicte annee, Vendredy & Sa- medy; ſe trouue q̄ ledit iour eſtoit vn Sa- medy; Et pour l'an 1704. quel iour ſera

le quinziefme Ianuier ou 19. Aouft, au
nombre de cinq i'adioufte fa reguliere
1. font fix, puis commençât à compter
par Lúdy (premiere Cócurrente de c'eft
an là) Ie trouue q̃ ledit iour fera vn Samedy 15. Iãuier. Et pour le 19 Aouft audict an , i'adioufte 3. fa reguliere, font
22. oftant 21. refte 1. qui fera Mard, y feconde Concurrente de ladicte annee
1704. qui fera de Biffexte.

---

*De l'interpretation de la main, & le moien
de la perpetuer.*

A R T.   XXI.

Efte main a vingt-huict join-
ctures au quatre doigts, fur
lefquelles font nottez les 28.
ans du Cycle Solaire auec les
Cócurrentes attribuees à chacune def-
dictes annees, qui font les feries de la
fepmaine, repetees depuis la premiere

join&ture, iufques à la vingt huictief-
me&derniere deffus le petit doigt. Tellement que chaque annee dudit Cycle
à fa Concurrente, pour toute l'annee
depuis le premier iour de Ianuier, iufques au dernier de Decembre, fors les
annees Biffextilles qui en ont deux, lefquelles efcheent toutes fur le doigt demonftratif. La premiere eft, pour les
deux premiers mois, & la feconde pour
tout le refte, c'eft à dire depuis le premier iour de Mars, iufques à la fin, ainfi comme lefdictes annees ont deux
lettres Dominicalles. Le tout eft de
trouuer la Concurrente: car icelle trouuee l'operation fe faict fort aifement, &
auffi facillement d'vne annee de cinq
cens ou mil ans, comme de la prefente.
Le moyen doncques pour l'autre, eft
comme auons defia dict, Si l'annce eft
deuant la reformation, faut commencer en la vieille main, par Dimanche,

D ij

Lundy, puis pourſuyure d'annee en annee ſelon l'ordre, & le nombre du Cycle Solaire: ſi elle eſt apres faut cómécer par Ieudy, Vendredy, cóme vo' voiez qu'il eſt merqué pour l'an *1588*. premier du Cycle Solaire, ſpecialement ſi l'annee recherchee eſt recente, car ſi c'eſtoit vne recherche vieille & antique, le plus prompt moyen & expedient ſera de ſçauoir la quantieſme elle eſt du Cycle Solaire, qui ſe fera incontinent par la diuiſion des ans du Sauueur par 28. ainſi qu'auons monſtré és art. 13. & 18. d'autant que ſçachant la quantieſme elle eſt dudit Cycle, vo' auez par meſme moyen ſa Concurréte. Faut remerquer que tout ainſi que aux annees centieſmes non Biſſextilles, on ne donne qu'vne lettre Dominicalle, auſſi icy qu'vne Concurrente & non deux, comme en l'an *1700*. il n'y aura qu'vne Concurrente, ſçauoir Ieu-

dy, qui est sur la premiere joincture,
Vendredy pour l'annee d'apres, & ainsi faisant & obseruant l'ordre, ceste
main des Concurrentes sera perpetuelle, ou pour le moins fort facille a ac-
commoder aux reiglements.

DE CONCVRRENTE ET
Supradictis.

CARMEN.

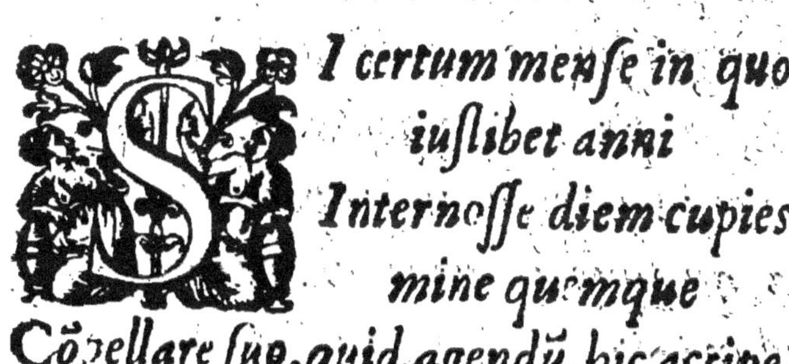

Ί certum mense in quouis cu-
iuslibet anni
Internosse diem cupies, & no-
mine quemque
Copellare suo, quid agendū, hic accipe, paucis
Expediam: mensis de quo contabere normā
Si qua datur, quāto numero connunge dierū:
In septē numerū partire; & singula septem
Reijce, quot superant tecum numerabis ab
anni   D iij

Ephemeride,
Concurrente vocans primum, quam nosse ne-
    cesse est
Sicuti qui Lunã currentem inquirit Epactã,
Ordine deinde suo numerato quoq; dierum,
A summo dabitur tibi feria, seque recludet.
Scissus in hebdomadas numer⁹ si totus abibit
Annali incipiens à concurrente, vocabis
Hebdomadæ primã lucẽ, dabit ordo sequẽies
Fiet vti capias extremæ nomina lucis.
Forsitã exemplum quaris, vis scire diei
Feria qualis erat, bis, dena secundaq̃ Martis
Illius à Christo qui nonagesimus ibat,
Et quartus post quingentos & mille volutos:
Regis ab ingressu memorabilis illa rebelles
Parisios, & pace data post horrida lustri
Arganthoniacis metuenda nepotibus arma:
Septima quæque mouens vni quod restat
    aduna:
Quatuor ex norma Gradiui, quinq; tenebis,
Ordine quinq; dies numera, tibi feria quinta
Thema dabit quæ fluxit eo Cythereidis anno
Martigenam quintum dices lucẽque petitã:

Noſſe velim, quæ lux viceſima prima nitebit
Illius à Chriſto decimus qui quartus Aprilis,
Ver mundo exactis ſexentum & mille re-
ducet:
Ter ſeptem ſummă faciunt (nă ceſſit Aprili
Regula nulla) quibus rejectis vltima ſeptĕ
Hebdomadam referunt, à Concurrente vo-
cabo
Illorum primum Martis, quæ nomĕ habebit,
Binum Atlantiades capiet, ternumque be-
nignus
Iupiter, alma Venus quartum, grauis ordi-
ne quintum
Saturnus, ſextŭ Phœbus Phœbique Creator,
Cynthia poſtremum, ſic Lunæ à luce dieſcet.

D iiij

REGVLÆ MENSIVM
Concurrenti conuenientes.

Anus & October dant vnum Fe-
bruus & Mars,
Quatuor Arcitenens totidèm, ni-
hil inflar Aprilis
Iulius, accedunt Maio duo, quinque sequenti,
Augufto tria, Septembris sex atq; Decĕbri.

DE INVENIENDA
Concurrenti.

Anc qui nofse voles, alicuius
oportet ab anni
Concurrète caput sumas an-
nifque dierum,
Ordine seruato tribuas cũ nominelucé,
Donec ad optati Currété veneris anni.

Sed Biſſextili geminā dare cuique me-
    mento.
Aut potiùs ſicut docui, ſcitabere ſolis:
Quæſitus quotus annus erit, dabit ille
    petitam.
Antè reformatos faſtos à millib⁹ annis
Qningentiſque, quatèr viginti Hype-
    rione natus,
Atque duo voluens radium dedit vſq;
    Decembrem
Ad medium, retrò numeranti proderit
    annos :
Poſt autem quia clade decem turbata
    dierum
Eſt ſeries, genitricis Amorū feria primò
Aduenit, quæ ritè dabit numerata fu-
    turas.

Des douze mois de l'An.

ART. XXII.

'An du Soleil contient douze mois, sçauoir, Iāuier, Feurier, Mars, &c. desquels aucuns ont trente iours, aucuns trente & vn. Pour sçauoir & retenir par quelle lettre chacun desdicts mois se commence, ce vers est necessaire qui a douze sillabes, desquelles les premieres lettres monstrent la lettre, par laquelle se commence chacun mois en son ordre, commençant à Ianuier, & finissant en Decembre, il y a trois mois qui ont deux lettres capitalles.

1 2   3   4   5   6   7 8 9   10
Adamd'vn grand Bien & grace fut au

   11 12.
Defaut.

Anciennemét ils diſoient ce verſicule.

Ardez Des Grands Bois En Grans Champs Faiƈts A Droit Froid.

POur ſçauoir des mois de l'an, quels ont trente iours, & quels trente & vn, faut coucher les doigts Demonſtratif, & medecin, ou Annulaire de la main gauche, & tenir les autres trois leuez, puis compter tous les mois d'ordre, ſur iceux, commençant par Mars ſur le poulce. Ceux qui cheent ſur les doigts leuez ont trente & vn iour, les autres trente, excepté, Feurier qui eſchet ſur vn doigt couché, n'ayant que 28. ou 29. iours.

Auril, Juin & Septembre;
Trente iours ont & Nouembre
De vingt huiƈt en y a vn
Les autres trente & vn chacun.

DES SEPMAINES.

ART. XXIII.

'An a cinquante deux sepmai-
nes, & vn iour ou deux, *versus.*

Quinquaginta duas annos côplectitur in se
Hebdomadas, post quas lux vna duæuc su-
persunt.

L'an a cinquante & deux sepmaines ordonnees
Auec vn iour ou deux de quatre en quatre annees.

Sur le mot de Sabbathum.

Sabbatha sunt Domini requies & vita pe-
remnis
Septimana dies septima festa dies.

DES PLANETTES.

ART. XXIIII.

A sepmaine contiént sept iours denómez par les sept planettes, desquelz le plus bas & proche de nous est de la Lune : Le second & plus reculé est de Mercure, en apres de Venus, puis du Soleil ; Le cinquiesme est de Mars, le sixiesme & plus esloigné, est de Iupiter : Le septiesme & dernier, le plus haut de tous, est de Saturne : leur ordre est tel.

Sol, Ve, Mer, Luna. Saturnus. Jupiter & Mars.

Mais l'Eglise ne voulant rien resentir du Paganisme, nomme les iours de la sepmaine premiere, deuxiesme, troi-

fiefme , 4. 5. & fixiefme feries , puis le
Samedy qui a le nom de Sabbat & non
de Saturne. On dit que ceux qui
font naiz fouz Iupiter & Venus, font
enclins à bien, fouz Mars & Saturne à
mal : fouz le Soleil, la Lune & Mercure font indiferens , comme châtent ces
vieux vers.

Iupiter atque Venus faufti: Sat. Marfq; Maligni,
Sol, quoque Mercurius cum Luna funt Mediocres.
Aftra regunt homines fapiens dominabitur Aftris.

Du commencement du iour & de l'An.

ART. XXV.

Elon la diuerfité des peuples
les iours prennent leur commencement, les Grecs com-
mencent au matin, comme faifoiēt les
anciens Romains : Les Babiloniens au

Ieuer du Soleil & de la lumiere, Les
Egyptiens, Atheniens, & Hebreux au
coucher du Soleil, comme font auiour-
d'huy les Italiens & Bohemiés, qui con-
tent vingt quatres heures d'vn coucher
du Soleil, à l'autre, les Astronomes à
minuict, & quelquefois à midy, l'E-
glise Catholique, & les Chrestiens tou-
jours à minuict, à cause qu'à icelle heure n'aquit le Sauueur du monde, & y
apporta la lumiere, comme disent ces
vieux vers.

Mane diẽ Græca gẽs incipit astra sequẽdo.
In medio lucis Iudæus Vespere: sancta
Inchoat Ecclesia medio sub tempore noctis.

Aussi l'annee se commence diuerse-
ment; En quelques pays elle comméce par l'equinoxe du Printemps, en
Mars cóme nous faisiós deuant l'ordó-
nance de l'an 1564. maintenant en Ianuier: Autres par l'equinoxe de l'Autóne en Septembre cóme les Hebreux,

Grecs, Syriens, & Chaldeens , Autres
par le tropicque de Cancer & autres
le Soleil eftant au figne du Lion.

Des Calendes nones & Jdes des mois.

ART. XXVI.

Aut noter que chacun pre-
mier iour du mois s'appelle
Calende, & qu'ils ont chacũ
des nones & Ides, vn peu di-
uerfement: car il y en a huict, Sçauoir:
Ianuier, Feurier, Auril, Iuin, Aouft,
Septembre, Nouembre, & Decembre,
qui ont leur nones fur le cinquiefme
iour : Les autres quatres Mars, May,
Iuillet & Octobre, fur le feptiefme,
De mode que les huict premiers ont
quatre nones, & les quatre dernieres
en ont fix, que l'on dict en Latin : *Ante*
nonas, & tous generallement ont huict
Ides

Ides: c'eſt à dire ſept iours entiers, entre
les nones & les Ides, qui ſont partant
aux huiɛt premiers mois le 13. iour, &
aux quatre autres le quinzieſme, les
iours de deuant ſe nommēt *Ante Idus*,
ainſi que tout le reſte *Ante Calendas*, du
mois ſuyuant ; c'eſt ce que diſent ces
vers.

> *Sex Mayus nonas Oɛtober , Julius &*
>   *Mars,*
> *Quatuor & reliqui , dabit Jdus quili-*
>   *bet Oɛto.*

Des douze ſignes.

ART. XXVII.

LEs douze mois ſont faiɛts par
les douze ſignes qui ſont les
douze maiſons du Ciel , par
leſquelles le Soleil ſe pour-
eine le long de l'an, viſitant chacun

E

de ces signes & maisons egallement, par
l'espace de trente iours (vn peu plus)
que l'on appelle degrez de signe: autrement ce sont les trois faces contenant
chacune face vne dizenne de degrez,
leurs noms sont le Bellier, le Taureau,
les Gemeaux, l'Escreuice, le Lion, la
Vierge, la Balance, le Scorpion, l'Archer, la Cheure, le Verseau, & les Poissons. le Soleil entre en iceux, enuiron le
vingtiesme ou vingt-vniesme de chacun mois; C'est à dire il commence à
courir & faire son chemin sous iceux en
nostre horison, receuant leur influen-
ce & lumiere, qu'il nous communique
puis apres icy bas amenant la diuersité
du temps & des saisons, & encore qu'il
courre egallement par tout les douzes
signes & maisons du Ciel en l'annee,
neátmoings il a comme les autres pla-
nettés, vne maison particuliere & af-
fectee, qui est le Lyon; la maison de

Venus est, le Taureau & la Balance,
les Gemeaux, & la Vierge sont à Mercure. Le Sagitaire, & les Poissons à Iupiter, *Caper & Aquarius* sont à Saturne,
Aries & Scorpio sôt la maison de Mars
comme celle de la Lune est le Cancre,

Les douze signes auec leurs Ca-
racteres.

Sunt Aries Taurus Gemini Cancer Leo Virgo

Libraque Scorpius Arcitenens Caper Amphora

Pisces.

Mensi cuique signum suum hoc Attribuitur dodecasticho.

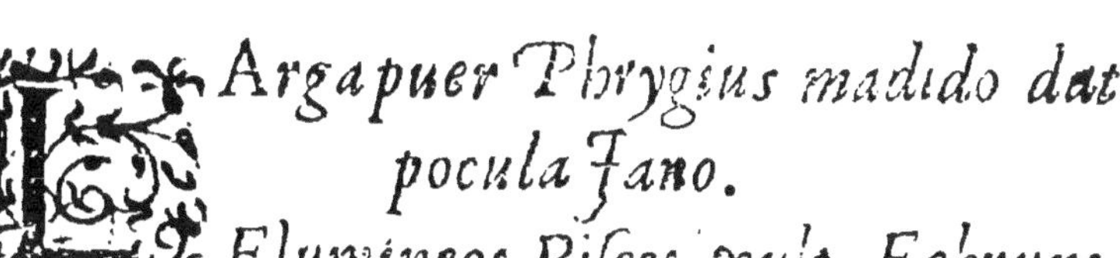

*Argapuer Phrygius madido dat
pocula Jano.
Flumineos Pisces vult Februus,
Ariete crispo*   B ij

Ephemeride

Martius vt florēs toruo boue gaudet Aprilis
Tyntaridas binos alterna sorte micantes
Maius, & octipedem Cancrum sibi Iunius
optat.
Feruidus aurati Maurusia terga Leonis,
Iulius: Erigones ardentia lumina præbet
Augustus sitiens: vino September odorus
Appendit recta tenebras lucemque Bilanci,
Virosa metuenda Nepa sua tempora signat
October, Geminumque tenet Chirona No-
uember
Frigidus, vt Capræ signum pluuiale De-
cembrem.

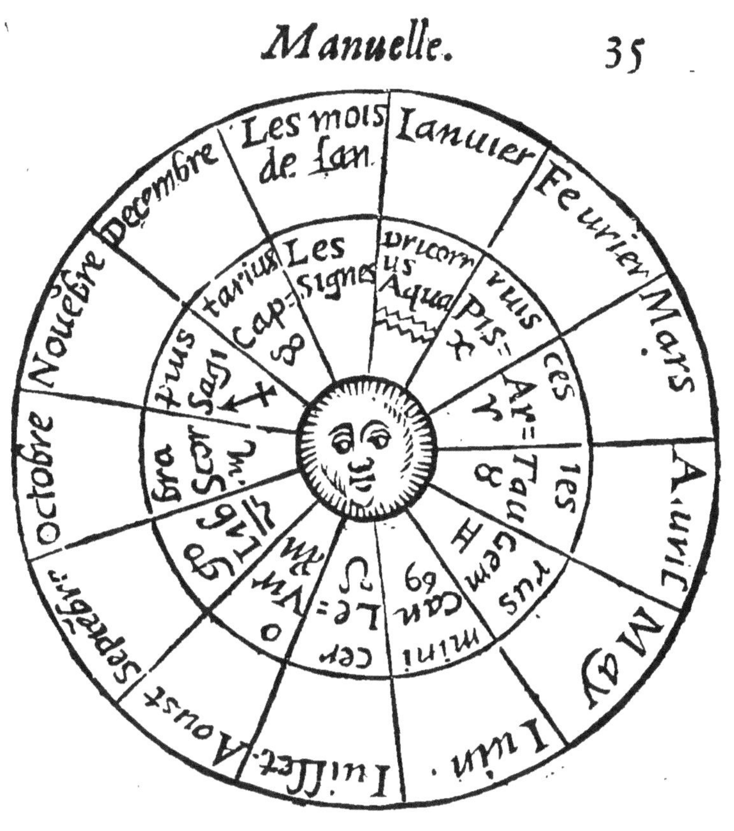

Des quatres Euangelistes.

ART. XXVIII.

A Cause que nous auons fait mention des signes du Lion & du Taureau, faut notter en passant S. Marc est figuré par Lion à cause de la Resurrection de

noſtre Seigneur : S. Luc par le Bœuf,
qui ſignifie l'Immolation : par l'Aigle à
S. Iean l'Aſcenſion : Et ſainct Mathieu
demonſtre l'humanité, comme diſent
ces vieux vers.

Bos Lucas, Leo Marcus, Auis ſuprema.
    Iohannes
     Eſt homo Matheus, quatuor iſta Deus.
Eſt homo naſcendo, Iouis ales ſumma petédo.

Des membres du corps humain.

Art. XIX.

EST à ſçauoir que chacun des
douze ſignes precedans gou-
uernevne partie du corps humain, ce qu'il faict bon entendre, tant àfin de ne toucher d'aucun
ferrement, ny appliquer medecine à
icelle partie, comme pour quelques

autres petites proprietez qui se trou-
uét quand la Lune est audict signe, ainsi que declarent ces vers Latins trouuez en certain vieil breuiaire , & icy
inserez, à cause de l'antiquité seullement.

Nil capiti noceas quùm fulget in Ariete
    Luna
De vena minuas, & balnea tutiùs intres,
Ne tangas aures , nec barbam radere cures.
Arbor plantetur quùm Luna Taurus ha-
    betur
Nõ minuas, tamẽ edifices, nec semina spargas
Et medicus caueat cum ferro tãgere collum.
Brachia non minuas quùm lustrat Luna
    Gemellos
Unguibus & manibus cũ ferro cura negetur
Non tibi securè promissio facta manebit.
Pectus, pulmo, Jecur in Cãcro non minuatur
Somnia falsa vides, venit vtilis emptio rerũ
Potio sumatur , securus perge viator.
Cor grauat & stomachum quùm cernit Luna
    Leonem   E iiij

Ne facias vestes : non ad conuiuia vadas
Et nihil ore vomas, nec sumas tunc medicinā.
Lunam Virgo tenens, vxorem ducere noli :
Viscera cum costis caueas tractare cruorem,
Semen detur Agro : dubites tutiare Carinā.
Lunam Libra tenens nemo genitalia tāgat
Renes aut Clunes : nec iter tu carpere debes
Extremam Libræ partem quùm Luna te-
    nebit.
Scorpius augmentat morsus, in parte pudēda
Vulnera non cures, caueas ascendere naues
Et si carpis Iter timeas à morte ruinam.
Luna nocet femori per partes mota sagitta
Vngues vel crines poteris præscindere tuto :
De vena minuas : & balnea tutius intres.
Capra nocet genibus Capram cùm Luna te-
    nebit
Nauis initur aqua : Citiùs curabitur æger
Fundamenta ruunt modicum tunc durat
    idipsum.
Vngere crura caue cùm Luna videbit Aquo-
    sum,

Inſere tunc plantas : Excelſas erige turres :
At ſi carpis iter tunc tardiùs ad loca tran-
          ſis.
Piſcis habens Lunam noli curare podagram :
Carpe viam tutus, potus haurito ſalubres.

Des qualitez & proprietez des douze
ſignes.

ART. XXX.

A Fin de ne fonder trop auant
ceſte matiere, qui meriteroit
vn plus long diſcours, nous
dirons ſeullement que des
douze ſignes, il y en a quatre bons, ſçauoir Aries, Libra, Sagittarius, & le Verſeau : Deſquels deux le Bellier, & le Sa-
gittaire ſont chaux & ſecz, la Balance
& le Verſeau chaux & humides. puis il
y en a quatre mauuais, le Taureau, les

Gemeaux, le Lion, & la Cheure, defquels font indifferents,

♉ Le Taureau, froid & fec
♊ Les Gemeaux, chaux & humides
♌ Le Lion chaud & fec
♑ La Cheure, froide & feche.

♋ Le Cancre, foid & humide
♍ La Vierge, froide & feiche
♏ Le Scorpion froid & humide
♓ Les Poiffons, froids & humides.

De ces douze il y en a quatre mobiles, par ce qu'ils changent les quatre
faifons de l'an, & nous meinent d'vne
faifon à l'autre, fçauoir le Bellier, le Cá-
cre, la Balançe & la Cheure, amenants
le Printemps, l'Efté, l'Automne & l'Hyuer: Et quatre fermes & ftables, par ce
qu'ils tiennent le temps arrefté en fa
faifon, qui font le Taureau, le Lion, le
Scorpion & le Verfeau: Et quatre có-
muns, par ce qu'ils participét des deux
faifons, & font le declin de Lune, & le

commencement de l'autre, sçauoir les
Gemeaux : la Vierge, l'Archer & les
Poissons.

De la domination des douze signes sur le
corps humain.

ART. XXI.

E signe du Bellier gouuerne
la teste, le Taureau le col, &
les espaulles, les Bessons les
bras & mains, le Cancre gouuerne la poictrine, le Lion le cœur, la
Vierge les rains, la Balance les genitoi-
res, le Scorpion les fesses, l'Archer les
cuisses, la Cheure les genouils, le Verseau les iambes, & les Poissons gouuer-
nent les pieds.

Ora tenet veruex, bos collum, brachia Bini,
Cancer habet pectus, Leo cor, lumbosq; Puella,
Libra pudenda tenet, Nepa clunes, & femur
  Arcus
Capra genu, crura Vrna, pedes gens hospes
  aquarum.

Et des proprietez d'iceux, la Lune y
estant se void quelque chose par nos
vers cy mis, refaicts du subject des anciens.

De Lunæ proprietatibus aliquot
In vno quoque zodiaci signo ad
Singula hominis membra, enneasticha.

Luna in ♈.

Vulnera nè læsi capitis (ni fortè necesse est)
Côtrectet ferro Medicus quû corniger Helles
Baiulus innuptam Dianam, in tecta recepit.
Sin scabies mordax aut te mala bilis adurit,
Sanguinis ardentis pete cuspide cæruleū vas
Ne dubita, & nigri fiat deductio riui:
Tu quoque thermarum calida perfundere
  lautus,

Auribus intactis intacta nouacula malas
Barbátas fugiet mentúque & tonsile rumē.
Lnna in ♉.
Europæus vbi flamma latonide fulget
Proditor, Arboribus fit Idonea terra se-
   rendis
Atque ferax olerū præsertim si nouaPhæbe
Splendeat,& se se lunato turbine libret.
Non etiam longis consciſſo tergore terræ
Semina committes sulcis,neque carcere venæ
Exolues animam, sed tutò mania pones
Non patiere manum ferrumue attemperet
   vllus
Strumoso iugulo quamuis Epidaurius alter.
Luna in ♊.
Ledææ sobolis radians Latonia tectum,
Contigit,& furni limen plosere iugales
Haud mihi cuiusuis humeros & brachia dex-
   tra
Ferrea continget, non sunt ea grata lacertis
Tempora curandis,Ebulos chiragra manebit
Nemo sub id tempus digitos mihi cuſpide
   parua

Ephemeride

Componat neque cæruleas emarginet vn-
    gues.

Si tibi quid sponsum est Zephyris es commo-
    da iractus

Tēpora, promissis at non (mihi crede) ferēdis.

Luna in ♋.

Brachia curuantem quùm menstrua Luna
    reuisit

Cammaron Illæsum seruabo pectus ab omni

Vulnere; vitabo quicquid pulmonis alacres

Delibat vires iecorisque refrigerat ignem.

Quicquid id est quod nocte vides stillante
    soporem

Illudunt vanæ species somnique ministri:

Sorbitione leua stomachum, tutissimus ito

Seu pedes aut quisquis Maius eques ire via-
    tor

Vænit ab hoc signo merc. vtilis omnia emēti.

Luna in ♌.

Pollentes stomachi vires & cordis anhelum

Perturbare caue quùm Cancri flumina lin-
    quens

Ingreditur siccum latonius erro Leonem.
Nec tibi sit tunicæ, nec vestis cura nouãdæ,
Vtere tantisper veteri dum Lunam Puellã
Speciferam teneat: fugies conuiuia teto
Hoc biduo ne pingue cibis oneretur omasum
Nam stomachum bolo violare aut reddere
    bilem
Non iuuat, & vomitus & Pharmaca sum-
    pta nocebunt.

Luna in ♍.

Connubij tædas thalamique iugalia differ
Vincula dum celeres noctis regina profundæ
Stellanti glomerat sub Virginis igne meatus.
Acri pruritu calido incendere lumbos
Nequitiæ parcus costas & viscera quoquã
Attrectare modo venãque aperire cauebis.
Est tibi sementi ferro proscissus agendæ
Opportunus ager: non me pellacia pellet
Quim mecũexplorẽ tutumuè sit Ire per altũ.

Luna in ♎.

Lucifugas vt cernit Equos hecatemque bi-
    cornem

Quadrupedante vehi per aperta Examina
　curſu
Qui lucem Æquator paribus diſtinguit ab
　vmbris
Mitte pudendorũ curã neq̃; crede priapum,
Ni fido medico, neu ſi quo anthrace rubeſcãt
Poſtera vel morbo renes tententur acuto.
Eſto manum patiens: peregrè ſi certus eundi
Peronatus abis inimico ſydere limen
Egrederis, quũ ſumma tenet librilia Phæbe.

Luna in ♏.

Lance pari librante diem noctemque relicto
Irradiãs animal quod pingit acumine caudæ
Bractea lunaris crebrò genitalia morſu,
Lancinat & cauda craſſum petit inguen
　obunca:
Quæ ſi bubones aut Cancer putridus ambeſt
Poſticaſuè nates curam differre memẽto.
Scanditur infœlix & dijs abſentibus æquor
Sub rutilante Nepa; noli dare lintea ventis,
Eſt tibi, ſi quod iter facies, à morte timendũ.

Luna

Luna in ♐.

Mota per æmomas argētea flamina sagittas
Fœminibus femorique nocet, ne vulnera quif
   quam
Exāilet, medicofne infundat in vlcera fuccos
Non fi Phillyrides ipfe armipotentis Achilli
Preceptor: quāquàm latos innoxius Vngues
Et crines potero & promiffam ponere barbā.
Parcere varicibus', glaucam fed foluere ve-
   nam
Admonet hoc cœli : quem torquet calculus
   atrox.
Lurida vel fcabies thermas fecurus inibit.

Luna in ♑.

Indè loci migrans vbi ad ægocerota niualē
Æthiopas diuertit equos cornuque prehēdit,
Officit infigni genibus quæ tangere noli
Seu rigeat poples feu de coxendice fumma
Ifchias, aut flāmans tumor internodia vexet:
Nec putris attritus cum pernæ iure rigorem
Cafeus imminet curuæ tabulata carinæ
Tentabit pelagus : morbo curabitur æger

                      F

Ephemeride

Est sudamentis nocumento corniger hircus.

Luna in ♒.

Sine petigo vorax seu crus furunculus ar-
    dens

Occupat, aut nuper trajectus glande tumctē

Fulminea suramᵗ, nec melle vngere nec oui

Luteo, & Arniuæ pingui similagine mixta;

Deucalioneam quum Luna præbenderit
    vrnam.

Insere telluri frutices humilesque nouellas

Populus est ripis pulcherrima l̄iur⁹ in hortis.

Ædifica, in cœlum condendis turribus aptū.

Si quà tendis iter lentos mirabere gressus.

Luna in ♓.

Qui dolet à pedibus seu spina hamata mo-
    mordit

Planipidem, seu trux agit ardor hyemsuè po-
    dagrę,

Aut callus digiti iuncturā aut peruio talos:

Punicææ crambes ebuline humore podagrā

Aut oleo vulnus linire aut vellere callum

Hinc vetat in gemino splendens ocipensere
    Phæbe.

Non ego tùm curem calido vestigia fotu
Non scalpio, neque pulchra tegent Sicyonia
primùm
Tutus inibis iter, medico recreabere potu.

POVR COGNOISTRE SVR
la main en quel signe est la Lune
chacun iour de l'annee.

ART. XXXII.

Ovs mettons premierement par tablature le moyen de cognoistre en quel signe est la Lune chacun iour de l'annee, puis apres le moïé de le cognoistre sur la main, pour ceux qui le voudront sçauoir par cœur, sans auoir recours au liure. Et seruira ceste table depuis l'an de la correction du kalendrier a tousiours.

mais pour les annees de deuant ladicte
correction (comme si quelqu'vn vouloit sçauoir en quel signe estoit la Lune le iour de sa Natiuité ou d'vn autre)
nous le dirons en son lieu.

IANVIER.	FEVRIER.	MARS.
Kal. 3. 1. y.	kal. 1. a.	Kal. 3 1. c.
2. z.	11. 2. b.	2. d.
11. 3. &	19. 3. c.	11. 3. e.
4. ⁹.	8. 4. d.	4. f.
Non. 19. 5. a.	Non. 5. e.	19. 5. g.
8. 6. b.	16. 6. f.	8. 6. h.
7. c.	5. 7. g.	Non. 7. i.
16. 8. d.	8. h.	16. 8. k.
5. 9. e.	13. 9. i.	5. 9. l.
10. f.	2. 10. k.	10. m.
13. 11. g.	11. l.	13. 11. n.
2. 12. h.	10. 12. m	2. 12. o.
Id. 13. i.	Id. 13. n.	13. p.
10. 14. k.	18. 14. o.	10. 14. q.
15. l.	7. 15. p.	Id. 15. r.
18. 16. m.	16. q.	18. 16. r.
7. 17. n.	15. 17. r.	7. 17. s.
18. o.	4. 18. s.	18. s.
15. 19. p.	19. t.	15. 19. t.
4. 20. q.	12. 20. v	4. 20. v.
21. r.	1. 21. u.	21. u.
12. 22. s.	22. x.	12. 22. x.
1. 23. s.	9. 23. y.	1. 23. y.
24. t.	24. z.	24. z.
9. 27. v.	17. 25. &	9. 25. &
26. u.	6. 26. ⁹.	26. ⁹.
17. 27. x.	27. 2.	17. 27. a
6. 28. y.	14. 28. b.	6. 28. b.
29. z.		29. c.
14. 30. &		14. 30. d.
3. 31. ⁹.		3. 31. e.

AVRIL.	MAY.	IVIN.
kal. 1. f.	kal. 11. 1. i.	Kal. 11. 1. n.
11. 2. g.	2. k.	19. 2. o.
3. h.	19. 3. l.	8. 3. p.
19. 4. i.	8. 4. m.	16. 4. q.
No. 8. 5. k.	5. n.	No. 5. 5. r.
16. 6. l.	16. 6. o.	6. r.
5. 7. m.	No. 5. 7. p.	13. 7. s.
8. n.	8. q.	2. 8. s.
13. 9. o.	13. 9. 2.	9. t.
2. 10. p.	2. 10. s.	10. 10. v.
11. q.	11. s.	11. u.
10. 12. 2.	10. 12. t.	18. 12. x.
Id. 13. s.	13. v.	Id. 7. 13. y.
18. 14. s.	18. 14. u.	14. z.
7. 15. t.	Id. 7. 15. x.	15. 15. &
16. v.	16. y.	4. 16. ⁹
15. 17. u.	15. 17. z.	17. a.
4. 18. x.	4. 18. &	12. 18. b.
19. y.	19. ⁹.	1. 19. c.
12. 20. z.	12. 20. a.	20. d.
1. 21. &	1. 21. b.	9. 21. e.
22. ⁹.	22. c.	22. f.
9. 23. a.	9. 23. d.	17. 23. g.
24. b.	24. e.	6. 24. h.
17. 25. c.	17. 25. f.	25. i.
6. 26. d.	9. 26 g.	14. 26 k.
27. e.	27. h.	3. 27. l.
14. 28. f.	14. 28. i.	28. m.
3. 29. g.	3. 29. k.	11. 29. n.
30. h.	30. l.	30. o.
	11. 31. m.	

IVILLET.				AOVST.				SEPTEMB.			
Kal.	19	1	p	Kal.	8	1	ſ	Kal.	16	1	v
	8	2	q		16	2	s		5	2	u
		3	r		5	3	t			3	x
	16	4	ſ			4	v		13	4	y
	5	5	ſ	No.	13	5	u	No.	2	5	z
		6	s		2	6	x			6	&
No.	13	7	t			7	y		10	7	9
	2	8	v		10	8	z			8	a
		9	u			9	&		18	9	b
	11	10	x		18	10	9		7	10	c
		11	y		7	11	a			11	d
	18	12	z			12	b		15	12	e
	7	13	&	Id.	15	13	c	Id.	4	13	f
		14	9		4	14	d			14	g
Id.	15	15	a			15	e		12	15	h
	4	16	b		12	16	f		1	16	i
		17	c		1	17	g			17	K
	12	18	d			18	h		9	18	l
	1	19	e		9	19	i			19	m
		20	f			20	K		17	20	n
	9	21	g		17	21	l		6	21	o
		22	h		6	22	m			22	p
	17	23	i			23	n		14	23	q
	6	24	K		14	24	o		3	24	r
		25	l		3	25	p			25	ſ
	14	26	m			26	q		11	26	s
	3	27	n		11	27	r			27	t
		28	o			28	r		19	28	v
	11	29	p		19	29	ſ		8	29	u
		30	q		8	30	s			30	x
	19	31	r			31	t				

OCTOBRE.				NOVEMB.				DECEMB.			
Kal.	16.	1.	y.	kal.		1.	a.	Kal.		1.	c.
	5.	2.	z.		13.	2.	b.		13.	2.	d.
	13.	3.	&		2.	3.	c.		2.	3.	c.
	2.	4.	9.			4.	d.		10.	4.	f.
		5.	a.	No.	10.	5.	e.	No.		5.	g.
	10.	6.	b.			6.	f.		18.	6.	h.
No.		7.	c.		18.	7.	g.			7.	i.
	18.	8.	d.		7.	8.	h.			8.	K.
	7.	9.	e.			9.	i.		15.	9.	l.
		10.	f.		15.	10.	K.		4.	10.	m.
	15.	11.	g.		4.	11.	l.			11.	n.
	4.	12.	h.			12.	m.		12.	12.	o.
		13.	i.	Id.	12.	13.	n.	Id.		13.	p.
	12.	14.	K.		1.	14.	o.			14.	q.
Id.	1.	15.	l.			15.	p.		9.	15.	r.
		16.	m.		9.	16.	q.			16.	s.
	9.	17.	n.			17.	r.		17.	17.	s.
		18.	o.		17.	18.	r.		6.	18.	t.
	17.	19.	p.		6.	19.	s.			19.	v.
	6.	20.	q.			20.	s.		14.	20.	u.
		21.	r.		14.	21.	t.		3.	21.	x.
	14.	22.	s.		3.	22.	v.			22.	y.
	3.	23.	s.			23.	u.		11.	23.	z.
		24.	t.		11.	24.	x.			24.	&
	11.	25.	v.			25.	y.		19.	25.	9.
		26.	u.		19.	26.	z.		8.	26.	a.
	19.	27.	x.		8.	27.	&			27.	b.
	8.	28.	y.			28.	9.		16.	28.	c.
		29.	z.		16.	29.	a.		5.	29.	d.
	16.	30.	&		5.	30.	b.			30.	e.
	5.	31.	9.						13.	31.	f.

Le nôbre d'or reiglè auec l'Epacte iufques à l'ã 1700. exclus:

Nô. d'or. 1.   2 3 4 5 6 7 8 9 10 11 12 13 14 15 16 17 18 19
Epaét.   1.   12 23 4. 15 26 7 18 29 10 21 2 13 24 5 16 27 8 19

♈	a s i & q f y n c v l z ſh z p e u m
♈	b t κ ⁹ r g z o d u m a s i & q f x n
♈♉	c v l a ſ h & p e x n b t κ z r g y o
♉	d u m b s i ⁹ q f y o c v l a ſ h z p
♉	e x n c t k a t g z p d u m b s i & q
♊	f y o d v l b ſ h & q e x n c t k ⁹ r
♊	g z p e u m c s i ⁹ r f y o d v l a ſ
♋	h & q f x n d t k a s g z p e u m b s
♋	i q r g y o e v l b s h & q f x n c t
♋♌	k a ſ h z p f u m c t i q r g y o d v
♌	l b s i & q g x n d v κ a ſ h z p e u
♌	m c t κ ⁹ r g y o e u l b s i & q ſ x
♍	n d v l a ſ i z p f x m c t κ ⁹ r g y
♍	o e u m b s K & q g y n d v l a ſ h z
♎	p f x n c t l ⁹ r h z o e u m b s i &
♎	q g y o d v m a ſ i & p f x n c t K z
♏	r h z p e u n b s K ⁹ q g y o d v l a
♏	ſ i & q f x o c t l a r h z p e u m b
♐	s κ ⁹ r g y p d v m b ſ i & q f x n c
♐	t a ſ h z q e u n c s K ⁹ r g y o d
♐	u m b s i & r f x o d t l a ſ h z p e
♑	u n c t K ⁹ ſ g y p e v m b s i & q f
♑	x o d v l a s h z q f u n c t K ⁹ r g
♒	y p e u m b t i & r g x o d v l a ſ h
♒	z q f x n c v k ⁹ ſ h y p e u m b s i
♒♓	& r g y o d u l a s i z q f x n c t K
♓	⁹ ſ h z p e x m b t K & r g y o d v l
♓	a s i & q f y n c v l ⁹ ſ h z p e u m

De l'intelligence desdictes tables.

ART. XXXIII.

Our l'intelligence de ce que deſſus, il y a deux tables, l'vne des douze mois de l'an, deſquels chacun iour a vne lettre de l'Alphabet pres de ſoy : L'autre eſt de dixneuf Alphabets, ayans en teſte le nombre d'or & l'Epacte, reglez enſemble, & à coſté les ſignes de la Lune, diuiſez en vingt huict parties. Pour cognoiſtre donc quel ſigne la Lune poſſede, ou qu'elle partie d'iceluy au iour que l'on veut ſçauoir, faut prendre & notter la lettre qui eſt pres dudict iour au kalendier, puis venir à la ſeconde table remerquer le nombre d'or ou l'Epacte qui court en l'annee,

& choifir ladicte lettre en fon Alphabet, qui eft en droitte ligne, tirant du
haut en bas, puis icelle trouuee vous
monftrera vis à vis tirant à gauche, en
quel figne eft la Lune. Cecy feruira de
puis 1583. compris, iulques a toufiours,
mettant le nombre d'or toufiours en
tefte de l'annee courante. l'Epacte ne
fert à cecy finon apres le nombre d'or,
par ce qu'elle change, & le nombre d'or
ne change point.

Le moyen de praticquer ces tables deuant la
reformation Gregorienne.

ART. XXXIIII.

OVR cognoiftre le figne
de la Lune és annees precedentes la reformatió qui fut
comme dict a efté, l'an mil
1582. en Decembre (auquel mois y

eut deux lettres Dominicalles, ſçauoir
G. & C. pour vn ſeul Dimanche) faut
obſeruer & praticquer le meſme moié
que deſſus : mais il faut mettre en teſte
& commencer le nombre d'or par 19.
ſur la premiere colomne, puis 1. ſur la
ſecoude, 2. ſur la troiſieſme, 3. ſur la
quatrieſme, & ainſi conſecutiuement
ſur chacun Alphabet de la ſeconde table. Pour exemple ie veux ſçauoir en
quel ſigne eſtoit la Lune le 23. de Ianuier l'an 1560 auant Paſques, qui eſtoit
l'an 1561. Ie trouue en la premiere table
des mois, ſur le 23. dudict mois de Ianuier la lettre S. finale, auec laquelle ie
viens à la ſecóde table, ou ſont les dixneuf colomnes ou Alphabetz du nombre d'or, ſur le premier deſquels ie po-
ſe 19. ſur le deuxieſme 1. ſur la troiſieſme colomne 2. puis ayant trouué le
nombre d'or de ladite annee 1561. eſtre
4. & iceluy mis de rang ſur la cinquieſ-

me, ie voy ladicte lettre S. finale la
quatriefme, & vis à vis tirant à gauche
le figne de Taurus ♉. partant ie trouue qu'audit iour & en ladicte annee la
Lune eſtoit en ce figne. Nottez que s'il
y a deux fignes en la rágee d'iceux: c'eſt
que la Lune eſt au matin & deuant midy au premier figne , & depuis midy
en l'autre.

Pour cognoiſtre le figne fur la main.

ART. XXXV.

POVR cognoiſtre & redi-
ger ce que deſſus fur la main,
faut mettre les deux fufdi-
ctes tables, l'vne des mois,
l'autre du nombre d'or fur la main gauche, ou qui voudra ne fe broüiller, l'v-
ne fur la gauche: l'autre fur la droicte

en celle façon, & premierement celle
des mois & iours fera mife fur la gauche
pour trouuer la lettre du iour que l'on
recherche , faut cõpter les iours des
mois fur les ioinctures de la main, comme nous auons dict au Cycle Solaire, il
y a vingt huict ioinctures, commençant à compter par ou le mois fe cõ-
mence , & ce qui refte fe compte fur le
poulce, & ayant merqué le iour fur la
ioincture , faut deftribuer les lettres de
fon Alphabet d'ordre à chacun iour,
commençant par la lettre qui commence ledict mois, & ainfi vous fça-
uez la lettre du iour que voudrez. Mais
pour ne faillir deux chofes font à notter.

De l'Alphabet de chacun mois, & pour sça-
uoir par quelle lettre il commence.

ART: XXXVI.

'Alphabet des douze mois
a deux ſ s & deux v u ma-
jeur & mineur, auec vn &
tranché, & cela ⁹ qui font
27. lettres en tout, toutesfois le mois
de Feurier n'a qu'vne ſ qui en temps
de biſſexte double : Nottez àuſſi que
Mars, Iuin, Iuillet, Aouſt, & Nouembre ont deux r r les autres qu'vne, cela
obſerué ne faut que repeter l'Alphabet
ſur tous les iours & mois de l'an : ces
vers donnent cecy à retenir.

Ordine ſeruato cunctis elementa diebus
Diuide, ſed vult ſ duntaxat Februus vnã
At ſi Biſſextus fuerit geminabis eandẽ.

Iunius, Augustus, Mars, Iulius, atque
Nouember

R, ſ, v, geminãt. reliqui (ſit mẽte repoſtũ)
Aureus & numerus duplicãt tantum-
modò. ſ, v.

POur ſçauoir maintenant & retenir
par quelle lettre les mois ſe commé-
çent, faut mettre l'Alphabet du mois
de Ianuier ſur les joinctures comme dit
eſt, commençant par y ſur la premiere
joincture du demõſtratif z. ſur la deuxieſme, e & ſur la troiſieſme &c. doublant comme dit eſt, ſ & v Ianuier &
Octobre ſont ſur ladicte premiere joincture: Feurier & Nouembre ſur la *pri-*
ma ſubungula; Mars & Decembre ſur la
groſſe racine: Auril ſur la troiſieſme
joincture du moyen May ſur la ſeconde d'apres longle: Iuin ſur la troiſieſme du Medecin, ſur la premiere d'apres
l'ongle du meſme doigt: Aouſt ſur la
premiere du petit doigt, & Septembre

ſur

ſur le bout du petit doigt : C'eſt ce qu'il
conuient ſçauoir pour trouuer la lettre
du iour, ce faict faut faire ce que s'en
ſuit.

Pour trouuer le Signe.

ART. XXXVII.

L A ſeconde table eſt des Signes, & de l'Alphabet, du
du nombre d'or, ou de l'Epacte : Il n'importe Laquelle, à
fin de ne ſe broüiller, on peut accom-
moder ſur la main droicte mettant les
vingt & huict parties des ſignes, ſur les
vingt huict joinctures des doigts d'i-
celle, diuiſees en ceſte façon.

Hîc *Aries tauro, Bini cãcro, Leoni virgo*
Libra nepæ, Centauro Capra, Aqua pi-
ſcibus aſtat.

Vous voyez que depuis la prémiere
fyllabe d'Aries, iufque. à la derniere de
Pifcibus, il y a vingt huiƈ fyllabes qui
refpondent aufdicts vingt huiƈ join-
ƈtures de la main , donnant à chacune
vne fyllabe de ces fignes, dont les vns
contiennent deux ioinƈtures feullement n'ayant que deux fyllabes : Les
autres trois fyllabes & autant de ioinƈtures, comme Aries, Leo, Centaurus,
& Pifces, qui font autant de iours à eux
attribuez, & neantmoins faut entendre
& fçauoir que le troifiefme doit eftre
mi-party: Sçauoir la premiere partie du
iour attribuee au refte du figne: Et l'autre partie dudit iour doit eftre attribuee
au figne fuyuant, comme nous auons
exprimé à la table cy deffus, car nous
n'auons peu reprefenter vn figne finiffant & vn autre cōmençát fur vne mefme ioinƈture en la main. Aries tient les
trois premieres ioinƈtures du doigt de-

ṁóſtratif. Taurus la ſõmité du doigt &
a premiere d'apres l'ongle : Bini la ſe-
ċonde *ſub vngule*, & la groſſe racine,
Cancer tient les deux premieres du
ṁoyen, Leo la troiſieſme la ſommité,
&la premiere d'apres l'ongle, & ainſi
cõſequemment cõme ſe void par la
ſigure deceſte main.

G ij

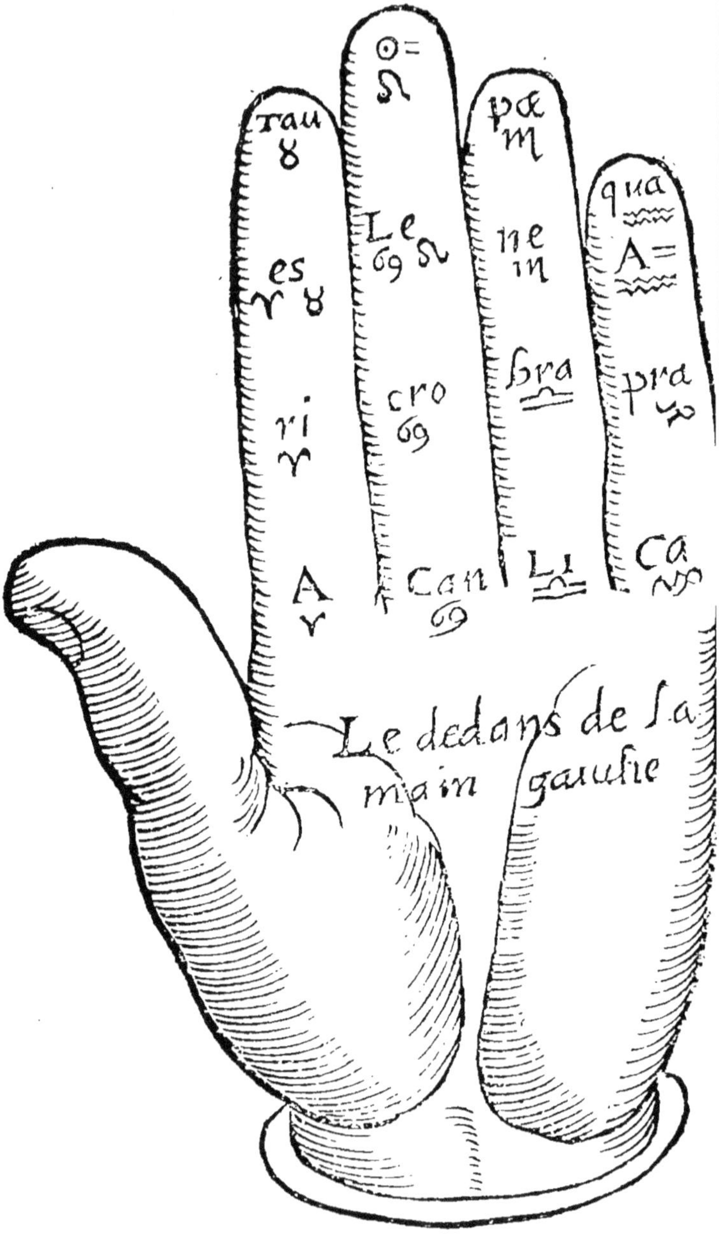

Tau
es
ri
A
⊙=
Le
cro
Can
pæ
m
ne
in
bra
L♎
qua
A=
pra
ca
Le dedans de la
main gauche

Le dessus de la
main gauche

De l'*Alphabet du nombre d'or.*

ART. XXXVIII.

Es dixneuf colomnes du nó-bre d'or ou de l'Epacte ont chacun l'Alphabet tel que celuy des mois, ſçauoir vingt ſept lettres doublant ſ & v comme dit eſt, mais ils ne commençét pas d'ordre: ains chacun a ſa lettre propre, par laquelle il commence & finiſt, qui ſont vingt huict en tout, autant que de parties des ſignes. Pour doncques acheuer de cognoiſtre par cœur ce qu'auõs promis, ſçachát la lettre du iour, la faut trouuer en la colomne du nombre d'or courant en l'annee comme nous auons dict, mettant leſdictes vingt huict lettres ſur leſdictes vingt huict ioinctures,

& commençant touſiours l'Alphabet
par la premiere ioincture du demonſtratif, & où ſe rencontrera ladicte lettre, elle monſtrera la partie du ſigne
auquel eſt la Lune, tant pour le paſſé
que le futur. Nottez qu'en l'Alphabet
du nombre d'or 12. qui commence par
z , la lettre a vient immediatement a-
pres ſelon ces vers.

 Z datur à decimo bino:quā ſcilicet vnam
 A citò ſubſequitur, reliquis manet inte-
  ger ordo.

Et pour retenir par cœur,par quelle
lettre commence chacune colomne
ou Alphabet dudict nombre dixneuf-
ieſme,nous auons mis ces deux vers qui
autrement ne ſignifient rien.

 1 2 3 4 5 6 7 8 9 10
Ars illa & quæ fraus yo nam cum vada
  11
 luſtrat
 12 13 14 15 16 17 18
Zona ſuos habitat zephyros poſt euoco
  19.
 manes.   G iiij

Defquels vers chacun mot monſtre
ſelõ ſon ordre par quelle lettre ſe commence chacune colomne du nombre
d'or, fors le premier, & le penultieſme
mot qui en monſtrent chacun deux, &
ce d'autant qu'il eſtoit beſoin d'vne S.
finalle, & à l'autre d'vn u môien, ainſi
qu'il eſt merqué par le chiffre.

---

*Pour trouuer les lettres ſepmainere de cha-
cun iour & mois de l'An.*

ART. XXXIX.

POur trouuer ſur la main les feſtes tát mobilles qu'imobilles,
ſur quelles lettres & à quel iour
elles eſcheent, ou quelle lettre ſur le tã-
tieſme d'vn certain mois, il conuient
ſituer ces ſept lettres A. B. C. D. E. F. G.
ſur les ſept ioinctures des doigts de la

main, car elles representent les six iours
de la sepmaine & le Dimanche. elles se
mettent doncques de ceste façon sur
les quatre doigts ou sur vn seullement,
autant est d'vn comme de quatre, car
chacun doigt à sept ioinctures, autant
comme il y a de lettres, & est plus brief
de les repeter & compter, sur vn doigt
seullement que sur plusieurs. D. E. F.
se mettent sur les trois ioinctures du
doigt demóstratif au dedans, cómençant par D. sur la premiere, E. sur la seconde, F. sur la troisiesme, G. sur la sommité, puis A. B. C. sur les trois au dehors souz l'ongle, & sçachant par quelle lettre commence le mois, vous auez
sur le doigt toutes ces lettres, comptant
1. 2. 3. &c. qui voudra sçauoir par quelle lettre chacun mois commence voiez
l'article 22. où il y a deux versicules à
ceste fin, dont l'vn est.

1   2   3   4   5   6   7

Ar Dez Des Grands Bois En Grans

8   9   10   11   12

Champs Faicts A Droit Froid.

Pour cognoiſtre les feſtes & iours de chacun mois.

ART. XL.

POur ſçauoir cōbié chacun mois de a iours, q̃lles feſtes, de celles qui ſont immobilles & plus remerquables. La quantieſme du mois el les ſont, & ſur quelle lettre. Nous auons mis ces vers tant Latins que François, faute de meilleurs : Autant qu'il y a de ſyllabes, autant il y a de iours, leſquelles on peut compter par cœur ou bien ſur le doigt, pour ſçauoir quelle lettre y eſchet, commè nous auons dit en l'article precedent. Les groſſes let-

tres qui sont en ces vers Latins ou Frā-
ce, monstrent les festes chommables
ou non, & la syllabe la quantiesme elle est. Les Latins sont plus propres à
cecy par ce qu'il n'y a point de syllabes
ambigues, comme aux françois ou on
compte quelquefois vne syllabe pour
deux, & deux pour vne. Les syllabés
que voiez à costé droict desdicts vers,
monstrent par quelle lettre les mois se
commencent.

Ianuarij festa diesque.
Scire Genus vis Rex Domini Gulielme su-
perni
Anthonim Seba Vinq; & Paulum pau-
Ca-rogato.
Les iours & festes de Ianuier.
An Ianuier que les Rois venus sont Ar-
Glaume dit Fremin morsont
Anthoine Sebat Vincent boit
Paul doit plus qu'on ne luy doit.

De l'homme en ce mois.

Six premiers ans que l'homme vit au
monde
Nous comparons à Ianuier droitement
Car en ce mois vertu ne force abonde
Non plus que quand six ans a vn enfãt.

Februar. festa di.

Nunc Purgat se Agatha durus dum Februus inflat
Et scelus occisi Petri Mathiæ narrat.

De Feurier.

Au chandelier Agathe vint.   Dés
A Paris il m'en souuient,
Et Iulien de Poissi
Pierre Mathias aussi.

De l'homme en ce mois.

Puis Feurier, les six d'apres enfile
En fin duquel commence le Printemps :
Aussi pour lors l'esprit se rend docile
Et doux deuient l'enfant qui a douze ans.

Martij.

Albinus mala Victoris sibi conGregat
arma

Patricij, sortesque suas Annunciat eidem.

Iours & festes de Mars.

Aubin dict que Mars est prilleux   D'vn
C'est mon dit Gregoir & frilleux
Qu'en ferons nous Benoist à dict
Mari' rien ne respondit.

De l'homme en ce mois

Mars signiffie autres six ans suyuans
Que le temps change en produisant verdure
En ce temps-là, s'adonnent les enfans
A maints esbats sans soucy & sans cure.

Pour le mois d'Auril.

En Auril Ambroise beuuoit   Grand
Du meilleur vin qu'il auoit
Quand vint qui tout acheta
George Marchant & le paya.

Distichon.

O sancte Ambrosi truculenta Leonibus orâ
Elidas, domumque dabit Marcus pretiosum.

L'aage de l'homme en ce mois.

Six ans apres font vingt quatre en somme
Representez par Auril gracieux,

Ephemeride

En ce temps-là plaisant & gay est l'homme
Sentant au cœur mille traitz amoureux.

Du mois de May.

Jacques Croit estre Ian en May   Bien
Nicollas dict-il est vray
Honorez fols & sages sont
Quand Vrbain & Germain le sont.

Maij distichon.

Jacob Crus fregit Ionæ & Nicolaus Achilli
Hornus & Iue cadunt cap it VrbanumGe
remanus.

L'aage de l'homme en ce mois.

Au mois de May ou tout est en vigueur
Autres six ans comparons par droiture
Qui trente font lors l'homme est en valeur
En sa fleur & beauté de nature.

Pour le mois de Iuin.

En Iuin on a bien souuent   Et
Grand soif ou Barnabé ment
En ce temps vindrent grand' erre
Don Ian & son bon fils Pierre.

Iuinij distchon.

Cuiuſdã quondã Claudi MeditaBat amici
Quæ retulit Prothaſus ſua Iam ceu carmina
   Petro.

De l'homme en ce mois.

En Iuin les biens commençent à meurir
Auſſi faiɛt l'homme ayant trente ſix ans
Partant à lors il doit femme querir
Si luy viuant veut pouruoir ſes enfans.

Les iours & feſtes de Iuillet.

En Iuillet Martin ſe combat   Gra-
Et du benoiſtier ſainɛt Uaſt bat,
La ſuruint Margus Magdelain
Iacques le baſton en main.

De Iullio diſtichon.

En Viſit Martinus aquas cui Iuſtus Heric⁹
Eſt comes, his Margan Madalam Ja-
   cobq; Ana Junge.

De l'homme en ce mois.

Sage doit eſtre ou ne ſera iamais
L'homme qui a deux ans apres quarante
Lors ſa beauté decline deſormais
Comme en Iuillet la fleur s'en va paſſante.

Les iours & festes d'Aoust.

Pierres Estien ne jettoit   Ce
Apres Laurent qui brusloit
Marï vint crier & braire
Quand Barthelemy fist l'an taire.

Distichon.

Vincula côtemnis & flãmas Laurus aduste
Martirioque adhibes ô Bartholomee Io-
    hannem.

De l'homme en ce mois.

Les biens en Aoust on cueille de la terre
Aussi faut-il qu'en l'an quarante & huiĉt
L'homme prudent des biens amasse & serre
Pour soustenir vieillesse qui le suit.

De Septembre.

Gilles à ce que ie vois   Fut
Marï toy si tu me crois
Et prie des nopces Mathieu
Son fils Fremin Cosme Micheu.

Distichon.

Ægidius veritus Mar â Iubet hãc crucifigi,
Turbatum Mathæum conFirmat Dami-
    Micha.   De l'aage

De l'aage de l'homme en ce mois.

Ne pense l'homme auoir beaucoup de bien
S'il ne le void en l'an cinquante quatre.
Qui en Septembre en grange n'a que batre
Soit asseuré que de l'an n'aura rien.

Pour le mois d'Octobre.

Remis sont François en vigueur　　Au
Denys n'en est pas trop asseur
Car Luc est prisonnier à Han
Crespin & Simon à Caen.

Distichon.

Remige Francorum sulcat Dionisius vndas,
Verùm Lucis amans superambulat hanc Si-
mo terram.

De l'homme en ce mois.

Si l'homme vieil possede de grands biens
A soixante ans figurez par Octobre
Cela va bien car la saison est propre
Pour en repos nourir soy & les siens.

Pour le mois de Nouembre.

Saints mors sont les gens biē heureux　De-
A dict Martin le piteux

H

Ephemeride

Lors Aignam vint de Milan
Clement Catherine Sat An.

Distichon.

Omnes Marcelius sanctos capit & Mare-
tinum.
Sic quoque & Elizabet quam pla Cat Ridi-
culus p An.

De l'homme en ce mois.

Qui a trois fois vingt & deux ans paruient
Representez par le mois de Nouembre
Vieil & caduc & maladif deuient
De faire bien temps est qu'il se remembre.

Les iours & festes de Decembre
Elsy faict Barb'a Colart   Faut
Mart' se plaint que Luce art
Dont en grand ire Thomas meu
De NoE lan innocent fut.

Distichon.

Elige Barba Colam, Mariam qui concipi-
entem
Adiuuet ô Thoma quòque NoSte Jam Pue-
rosque.

De l'homme en ce mois.

L'an reuolu par Decembre termine
Auſſi faict l'homme à ſoixante & douz eans,
De plus en plus la vieilleſſe le mine
Tant que d'icy deſloger il eſt temps.

Autrement.

Decembre apres que le froid heriſonne
Met fin à l'an & la terre en repos,
Auſſi faict l'homme en ce temps Atropos
Qui deux fois trenie apres doaze moiſſonne.

ART. XXXXI.

De homine per ſingulos anni menſes tetraſticha.

IANVARIVS.

Prima bifrons hominis cunabula Janus vt
    anni
primus alūnus habet, qui pigro frigore torpē̃s
Viriū inops animiq; iacet, ſic roboris expert
Quadrupedat primos ſex natus homunculus
    annos.

Ephemeride
Februar.

Lignicremus menfis cui nomina prifca dedere
Februa biffenos impuberis explicat orbes.
Qui tū ninimens patienfque docētis habetur
Vltima tēperiem capiunt vt Februa neruā.
Martius.

Annus vt à tenero vernece ità pubet ephæbus
Bis feptem numerans annos & quatuor ad-
    dens,
Frigora mitefcunt, tellus herba fcit: ephæbi
In ludis animus curarum nefcius hæret.
Aprilis.

Inde recenfentem viginti quatuor orbes
Primæno cum flore refert Aprilis adultum
Purpura tellurem, mentū lanugo decorat
Hæc Zephyros, is pulcher amat crifpante
    capillo.

Maius.

Quanta è quintilla forma fex luftra tenenti
Maius vbi fenos iuueni fuperaddidit annos:
Floribus & foliis tellus & lumine Titan
Luxuriant fic forma potens & robur in illo.

Iunius.

Vt maturescunt Cancri sub sydere fruges,
Sic vbi vir post sex tricesima musta recenset
Saucia fit curis ætas maturaq; tædæ
Si volet ille sibi succedat idonea proles.

Iulius.

Aut sapit aut numquàm sapiet quùm Iulius
    olli
Post binas cumulat denas quatèr ordine
    messes :
Ex illo sensim tabescit forma virilis
Hoc velut obstipi marcescunt tempore flores.

Augustus.

Falcifer vt magnã Sextilis acernat opum vim
A Bruma metuens ita conuenit esse sagacem
Ad quæstnm qui lustra nouem trietiride
    vincit
Ne premat hunc inopē letho vicina senectus.

September.

Horrea tum frugum sunt plena & plurima
    pressis
Decurrūt prelo Belnensia vina racemis.

Ni bene sit frumentatus qui quatuor annos
Quinque decem iungit miserum miser exi-
    gat æuum.

October.

Qui frigens homini e sexagesimus offert
Indicat October frigentes acriter artus,
Si bene rem gessit qua seque suosque locuples
Educet, is sapiat: quãdo hæc est meta laborũ.

Nouember.

Arcitenentis is est homini ratura Nouēbris
Qui sextò vndecies cernit cum sole Bimēbrē:
Frigoris ille minax telis, hic marcidus æuo
Nutat, & inualidũ sustentat scipio corpus.

December.

Quem Rota ter triplicans octo Phæbæa De-
    cembri
Percurrit senio confectum ægrũque, salutis
Esse decet memorem nam mors ciet atra re-
    ceptum
Sicut ab extremo mensi grauis occidit annus.

Aliud.

Clauiger extremũ gemino capit ore Decēbrē

Ianus de superis solus sua postera cernens :
Sic duplici ceu fronte senex presentia prima
Transita postrema & se cernit abusq́; puello.

Aliud.

Annus ab hyberno primæuum tēpore sumit
Ortumidēq̄;c adit cauda reuolutus i orbem,
Sic redit a puerum senio confectus, vterq;.
Delirãs trepidãs edentulus & puerascens.

H iiij

SECONDE PARTIE DE L'EPHEMERIDE MANVELLE.

Traittant de la Lune & du nombre d'Or.

ART. I.

A Lune est la plus basse & plus proche planette de nous, plus petite que les autres six, qu'aucune estoille & que la rondeur de la terre encores qu'elle soit appellee en la saincte Escriture auec le Soleil, l'vn des grands luminaires, mais c'est pour nostre regard. Les anciens la feignoient estre sœur du Soleil, d'autant qu'elle le suit & l'imite, n'ayant autre lumiere que celle qu'elle emprunte de luy : & toutesfois plus elle

ſe recule, ſe mettant en oppoſition dia-
metiallement au Soleil, plus elle eſt lumineuſe & argentine, & le rond de ſa
face rempli. De ces quatre faces qui ſót
nouuelle ou prime Lune, premier quartier, pleine Lune & dernier quartier:
Les deux principalles ſont la conjon-
ction & l'oppoſition, au reſte tant va-
riable & changeante quelle eſt appellee la Poulpe du Ciel, car il n'ya quaſi
rien de certain en elle, ſoit en ſon Cycle, Annee, Lunaiſons, & quartiers,
bien eſt vray qu'elle eſt certaine en in-
certitude, & conſtante en inconſtance;
Son Cycle eſt de dixneuf ans, ſon Annee de trois cens cinquáte quatre iours,
& quelques heures & minuttes, ſes Lunaiſons de 29. iours & tantoſt 6. 7. 8. 9.
10. 12. 15. & 18. heures, La moindre Lunaiſon eſt de 29. iours & ſix heures, la
plus grande eſt de 29. iours & 18. ou
20. heures, leſquelles on reduit ordi-

nairement à 29 iours & demy, fomme
qu'elle ne paſſe iamais le trétieſme iour
qu'elle ne ſoit nouuelle. De ces quartiers iour, & changemens, nous en dirons quelque choſe à l'Epacte.

DV NOMBRE D'OR.

ART. II.

A Lune a pour ſon Cycle dix-
neuf ans, comme le Soleil vingt
huict, c'eſt à dire que la Lune

au bout de dixneuf ans, retourne & se
trouue au mesme lieu, & de mesme façon dont elle estoit partie, & recommence le cours de ses mutations qui s'a-
complit le long de ses dixneuf annees,
Ce nombre donc la suit de fort pres,
sans lequel il n'y auroit moyen de la
gouuerner, on attribue au 1. an, Au
deuxiesme 2. au troisiesme 3. au quatriesme 4. du cinquiesme 5 au sixiesme
6. & ainsi iusques au dixneufiesme &
dernier : Et puis on recommence tou-
jours à compter le mesme nombre On
appelle ce nombre d'or (comme ie pé-
se) tant pour son ancienneté que pour
son excellence, car ainsi que l'or est
precieux vtile & necessaire à la vie de
l'homme, aussi est ce nombre tres-vtile
& necessaire, sans lequel ne se pourroiét
trouuer ny Pasques, ny aucunes Festes
mobilles : On dict que ce fut Iules Ce-
sar qui le trouua le premier, mais ie pé-

feroy que non, ou bien qu'il l'auroit a-
pris de fon Mathematicien Sofigenes
d'Alexandrye, des Egyptiés, Chaldeés,
ou Hebreux qui ont fceu & defcouuert
les premiers, la fcience des Aftres. L'on
dit qu'il fouloit eftre efcrit en lettre d'or
deuant la difpofition des lettres Dominicalles au kalendrier.

De l'vfage du nombre d'or.

ART. III.

Ncores que par la reformation
le nombre d'or ait efté ofté des
Breuiaires, & fó vfage de beaucoup amoindry, & au lieu d'iceluy les
nóbres Epactaux couchez fur les iours
de l'annee : Neantmoins il eft encore
neceffaire: Anciennement il auoit quatres proprietez, fçauoir pour trouuer

l'Epacte; le signe de la Lune, les primes Lunes, & les festes Mobilles, Auiour-d'huy on luy a osté ces deux dernieres, mettant l'Epacte au lieu qu'il a cours, maintenant par les liures & breuiaires, & ne luy sont demeurees que les deux premieres, sçauoir pour trouuer le signe auquel est la Lune (A quoy il est necessaire comme nous auons dict cy dessus) & pour trouuer l'Epacte selon le kalendrier Gregorien, sans lequel elle ne peut estre trouuee par tout les reglemens des annees passees & futures, cóme nous dirons. Et bien qu'il ait esté jetté hors les breuiaires, il ne s'ésuit pas que son vsage soit aboly ny beaucoup diminué; on peut encore cognoistre ce à quoy il seruoit auparauant, mesmes les primes Lunes & festes mobilles de l'annee estant remis & enfillé sur tous les iours & mois de l'an, depuis le premier iour de Ianuier, iusques au dernier

*Pourquoy on a ofté le nombre d'or du
Kalendrier.*

ART. IIII.

Ncores que le nombre dix-
neufiefme fuiue de pres le
cours de la Lune: Neátmoins
elle ne retourne pas au bout
des 19. ans au mefme point du lieu duquel elle eftcit partie, ains y a quelque
chofe à dire, ce que l'vfage a monftré
par ce que depuis l'affiete du nombre
d'or fur les iours des mois, qui mon-
ftroit la prime lune (c'eft à dire le lendemain qu'elle eft nouuelle) iufques à
l'an 1582. Il y auoit cinq iours à retro-
grader pour trouuer ladicte prime Lu-

ne, & failloit compter en reculant ces cinq syllabes *Luna est nota*, De mode que ce nombre ne seruoit plus de rien, & qui l'eust remis & racommodé à la longue fust reuenu le pareil inconuenient sans y pouuoir remedier ou bien le rechanger de cent en deux cens ans, & refaire tousiours nouueaux breuiaires, chose trop incommode. Mais on a remis & enfilé les nombres Epactaux au lieu, qui ne changeront iamais, au moyen que l'on les prent par reiglement, ostant quelque iour à l'Epacte de son nóbre pour l'accómoder à la Lune ordinaire, ce que l'on ne pouuoit faire du nombre d'or sans confusion & desordre.

De la maniere de situer le nombre d'or sur la main.

ART. V.

Vant que de cognoistre la maniere de trouuer les nouuelles & primes Lunes sur la main faut sçauoir le coucher sur icelle, à quoy seruent ces deux vieux vers suyuáts qu'il faut sçauoir par cœur tout courant.

Ternus , vndin' octo sexd. quinq; , tred, ambo, decem, doct.

Septem, quin. quartus, ducd. Iota, nouem, dept. sex. & quat.

Comme qui diroit 3. & 11. & 198. & 16. 5. & 13. 2. & 10. & 18. 7. & 15. 4. & 12. 1. & 9. & 17. 6. & 14. Le Latin est fort commode pour retenir par cœur l'ordre

l'ordre de la fittuation & non le chiffre;
Ce nombre contient trente fyllabes en
dixneuf mots, dont y en a 8. monofyl-
labes, & onze de deux, defquelles les
vnes figniffient nombre, les autres rié:
ains feullement le lieu vuide & diftance iufques à l'autre nombre, Comme
Ternus, vndinbocts. Et tous autres qui
ont deux fyllabes, la premiere denotte
le nombre: La deuxiefme l'efpace: ces
trente fyllabes fe mettent fur les vingt
huict joinctures des doigts de la main,
gauche. Et fur les deux du poulce, tou-
jours recommençant lefdits deux vers
en cefte façon. Nottez que ce mot fex-
&, eft dict de deux fyllabes, dôt la premiere fignifie le nombre 6. mais &, l'efpace entre lefdicts 6. & 14.

I

De la vieille situation du nombre d'or sur les iours & mois de l'An.

ART. VI.

Ous monstrerons premiere-ment la vieille situation du-dit nombre d'or comme elle estoit deuant l'annees 1583. &puis la nouuelle côme elle sera durât ce reiglement. Pour remettre donc le vieil nombre d'or sur le kalendrier faut commencer par *Ternus*, c'est à dire mettre trois sur le premier iour de Ian-uier. La seconde syllabe qui est *nus*, qui ne signifie rien, monstre l'espace vuide sur le secôd iour, puis *vndin.* sur le trois & quatriesme iour, c'est à dire 11. sur le trois, & rien sur le quatre, puis *nocd.* sur le cinquiesme est 19. puis *oct.* sur le 6. &

to. pour le feptiefme qui ne fignifie rien,
puis *fexd.* fur le huictiefme, qui fignifie
16. Ainfi de tout le refte confecutiuement des iours & mois de l'an, comme
il eft merqué fur la premiere table Al-
phabetique. Art. 32. où il eft couché
tout du long Il y a certaines exceptions
qu'il faut bien obferuer en quelques
mois, aufquels il y faut ofter vne fyllabe; Ces mois font ceux qui font de
nombre pair afin de les retenir plus facilement comme au mois de Feurier,
luy faut ofter cefte fyllabe *din.* c'eft à
dire qu'immediatement apres le nombre 11. conuient mettre *19.* fans aucune
efpace. Auril, Iuin, & Aouft n'ont
point de *to.* Octobre *deq;* ny Decembre de 60. C'eft à dire qu'a-
pres ce nombre 2. faut mettre 11. fans
efpace, voyez ledit Art. 32. & pour le
bien affoir il eft bon de compter touf-
jours entre le nombre precedent, &

le subsequent huict, entre deux, finis-
fant à 19.

De la vieille obferuance dudict nombre d'or
fur la main.

ART. VII.

E nombre d'or enfillé de la
maniere qu'auons dicte auec
fes exceptions eft bien certain, monftrãt toufiours ce-
luy qui court en l'annee le iour de la
prime Lune decomptant toutesfois de
cinq iours comme nous auons predit.
Sur la main il fe mettoit ainfi. Premierement les mois de Ianuier & Mars fur
la feconde joincture du petit doigt, Feurier & Auril fur la troifiefme, May fur
la fommité, Iuin fur celle d'apres l'ongle: Iuillet fur la deuxiefme d'apres l'õ-
gle, Aouft fur la groffe racine puis (ve-

nant au poulce) Septembre & Octobre ſur la joincture moienne, Nouébre
& Decébre ſur la 1. du doigt demóſtratif: puis failloit commencer par *Ternus*,
&c. poſant *ter*. ſur la ſeconde ioincture
du petit doigt, ou ſont les mois de Ianuier & Mars, & la ſyllabe *nus* ſur celle
d'apres ou ſont mis Feurier & Auril,
puis vne ſur la ſommité monſtre May,
& la ſyllabe *oct*. le mois d'Aouſt, puis
to. ſur le bout du poulce qu'il faut ex-
pedier, puis les ſept joinctures du demonſtratif, puis le doigt du millieu &
le Medecin, ſur la groſſe racine duquel
eſchet la trentieſme & derniere ſyllabe;
quat. & qui euſt voulu ſçauoir la prime
Lune de quelque mois, failloit commencer ce nombre par celuy auquel
commençoit ledit mois ſur les joinctures auec l'ordre ſuſdict, & ſur quelle
joincture eſchet le nombre d'or qui
couroit en l'annee, la meſme eſtoit la

nouuelle ou prime Lune du mois, comptant aussi les iours d'iceluy selon son
assiette, & donnant ses exceptions au
mois qu'auons dictes.

De la nouuelle practique du nombre d'or.

ART. VIII.

LA nouuelle practique du
nombre d'or ne sera pas hors
de propos, ce seront tous-
jours deux reigles pour vne,
pour trouuer la prime Lune, & les festes Mobilles, ou par ledict nombre ou
par l'Epacte, aussi qu'il oste le doute de
ces nombres 25. & 24. qui sont assis au
Kalendrier. Nous retiendrons donc
ce mesme vers, *Termus vndin.* &c. pour
auoir ce nombre d'or, depuis le premier iusques au dernier iour de l'an,

mais il le conuient commencer par la
fyllabe ta, ou no , fur le 1. de Ianuier,
nouem. fur le 2. dudict mois , Si nous
le cómençons par no. fur ledit premier
iour feroit plus haut d'vn iour que l'E-
pacte des kalendriers , & monftreroit
plus iuftement la prime Lune, mais il
ne fera pas fi propre pour la cognoiffá-
ce des feftes Mobiles , finon que l'on
cóptaft vn iour d'auantage lors il feroit
bon & affeuré pour lefdictes feftes:tou-
tesfois afin de feullement renouueller
les vieilles modes , & ne rien changer
nous le cómencerons par *nouem. dept-
fex. & quat. Ternus, vndin.* & c. Les mots
de deux fyllabes fignifiront nombre, &
l'efpace vuide apres.

I iiij

De la fittuation du nombre d'or fur les iours
& mois de l'an.

Art, IX.

Vr le premier iour de Ianuier ny efchet aucun nombre, demonftré par cefte fyllabe ra, qui eft de jota : fur le 2. no. fur le troifiefme vem. rien, fur le quatriefme dept. 17. fur le cinquiefme fex. puis, & , puis quat. fur le feptiefme & ainfi confequemment. Il y a aufli des exceptiós qui font baillees au mois de nombre pair comme anciennement afin de les retenir plus facilement à l'vfage de la main, & de ne confondre les vns auec les autres, car tout reuient à vn. Feurier & Auril, n'ót point d'et, C'eft à dire qu'immediatement apres fix faut enfiler 14. Iuin n'a

point de ven.faut mettre 17. ſous 9.ſans
interualle : Aouſt n'a point d'et , au 1.
ains commence par quat. Octobre n'a
point de nus , au premier : Decembre
n'a point de,din , ny au premier , ny au
dernier,ains le nombre de dixneuf.Ce-
la obſerué vous auez l'aſſiette du nombre d'or bien aſſeuré depuis l'an 1583.
compris,iuſques à l'an 1700.exclus.

De la maniere de cognoiſtre les nouuelles Lu-
nes ſur la main, & les feſtes Mobilles.

ART. X.

POVR cognoiſtre les primes
Lunes, tant és annees paſſees
qu'à venir par tous les mois de
l'an ſur la main , faut aſſoir maintenát
le nombre d'or ſur icelle en ceſte façõ,
commençant par *nouem , dept. ſex.* &

quat. *Ternus vndin, nocd.-oct. sexd. quinq;*
tred. ambo, decem. doc.

Septem, quin. quartus, ducd. Iota nouem.

Ceste syl'abe -ta, est entenduë sur le
premier iour de Ianuier & de Mars, qui
sont sur la seconde joincture du petit
doigt:no- sur la troisiesme où sont Feurier & Auril : ven. sur la sommité où
est sittué May, puis dept. sur la premiere d'apres l'ongle où est Iuin, sex.
sur la seconde d'apres l'ongle où est sittué Iuillet : puis & sur la grosse racine:
Le mois d'Aoust est maintenant situé
sur la sommité du poulce' ou eschet la
syllabe quat. Septembre & Octobre
sur la ioincture d'apres ou eschet Ter.
puis Nouembre & Decembre sur la seconde ioincture du demonstratif ou eschet cette syllabe vn. qui est de vndin.
Et pour trouuer par cœur la prime Lune de quelque mois que ce soit, faut
voir à qu'elle ioincture de la main gau-

che, eſt l'aſſiette dudit mois , & commencer à compter ce verſet par la ſyllabe qui commence ledit mois, & pro-
ceder par toutes les ioinctures iuſques
a auoir rencontré le nombre d'or de l'á-
nee & le noter , puis compter les iours
du mois ſur les meſmes ioinctures, &
où ſe trouuera ledit nombre d'or, là ſera la prime Lnne : ainſi & de la maniere que dict a eſté cy deuant à la vieille
ſituation.

Pour trouuer le nombre d'or.

ART. XI.

POur trouuer le nombre d'or
de quelque annee que ce ſoit
paſſee preſente ou à venir , tant
deuant qu'apres la reformation faut diuiſer les annees de l'Incarnation de no-

ftre Seigneur par dixneuf, & ce qui reftera adjouftant vn, fera le nombre
d'or courant en l'annee. Il eft befoin
d'adjoufter 1. à ce nombre, côme pour
trouuer l'an du Cycle Solaire, nous a-
uons dict qu'il failloit adioufter neuf
par ce que.

Jlle fuit folis nonus lunæq; fecundus.
Quãdo fuit Domin⁹ facra de virgine natus.

Pour facillemêt faire telle diuifion,
de cent ans diuifez par 19. reftent 5. de
cinq cens reftent 6. de mille, 12. & de
mil cinq cens reftent dixhuict. Tellement que l'annee 1593. diuifee par 19. a
eu 17. pour nombre d'or adiouftant
vn fur 16. qui reftent. & l'an mil fept
cens aura 10. adiouftant vn fur 9. Nottez qu'en la fittuation de chacun mois
fur la main, fi la fyllabe qui y efchet fignifie nombre il commêce par iceluy,
finon, elle monftre qu'il n'y a rien au
premier iour. & pour le regard des ef-

pacesqu'il conuient obferuer:fi le petit
& moindre nombre fuit le plus grand,
il n'y a point d'efpacè·fi le grand vient
apres:Il y en aura; comme vous voyez
à la table du kalendrier, où 17. vient a-
pres 9. auffi y a il diftance môftree par
nouem dèpt. Mait apres 14. vient immediatement le nombre 3. Toutesfois
il faut toufiours auoir recours au vers
fufdict, & aux exceptions.

Præcedens numerus minor, à maiore fequêti
Diuiditur, fed non maximus à minimo,
Excipe qui veniunt numero non impare mêfes
In quibus eft certo regula falfa loco.

IANVIER.	FEVRIER.	MARS.
Kal. A. 1.	Kal. 9. D. 1.18.	kal. D. 1.
9. B. 2.	E. 2. 7.	9. E. 2.
C. 3.	17. F. 3.	F. 3.
17. D. 4.	6. G. 4. 15.	17. G. 4.
No. 6. E. 5.	No. 14. A. 5. 4.	6. A. 5.
F. 6.	3. B 6.	B. 6.
14. G 7.	C. 7. 12.	No. 14 C. 7.
3. A. 8.	11. D. 8. 1.	3. D. 8.
B. 9.	E. 9.	E. 9.
11. C. 10.	16. F. 10. 9.	11. F. 10.
D. 11.	8. G. 11.	G. 11.
19. E. 12.	A. 12. 17.	19. A. 12.
Id. 8. F. 13.	Id. 16. B. 13. 6.	8. B. 13.
G. 14.	5. C. 14. 14.	C. 14.
16. A. 15.	D. 15.	Id. 16. D. 15.
5. B. 16.	13. E. 16.	5. E. 16.
C. 17. 3.	2. F. 17.	F. 17.
13. D. 18.	G. 18.	13. G. 18.
2. E. 19. 11.	10. A. 19.	2. A. 19.
F. 20.	B. 20.	B. 20.
10. G. 21, 19.	18. C. 21.	10. C. 21. 3.
A. 22. 8.	7. D. 22.	D. 22.
18. B. 23.	E. 23.	18. E. 23. 11.
7. C. 24. 16.	15. F. 24.	7. F. 24.
D. 25. 5.	4. G. 25.	G. 25. 19.
15. E. 26.	A. 26.	15. A. 26. 8.
4. F. 27. 13.	12. B. 27.	4. B. 27.
G. 28. 2.	Pr. 1. C. 28.	C. 28. 16.
12. A. 29.		12. D. 29. 5.
1. B. 30. 10.		1. E. 30.
Prid. C. 31.		pr. F. 21. 13.

AVRIL.	MAY.	IVIN.
Kal. 9. G. 1. 2.	kal. B. 1.	Kal. 17. E. 1.
A. 2.	17. C. 2.	6. F. 2.
17. B. 3. 10.	6. D. 3.	G. 3.
6. C. 4.	E. 4.	14. A. 4.
No. 14. D. 5. 18.	14. F. 5.	No. 3. B. 5.
3. E. 6. 7.	3. G. 6.	C. 6.
F. 7.	No. A. 7.	11. D. 7.
11. G. 8. 15.	11. B. 8.	E. 8.
A. 9. 4.	C. 9.	19. F. 9.
19. B. 10.	19. D. 10.	8. G. 10.
8. C. 11. 12.	8. E. 11.	A. 11.
D. 12. 1.	F. 12.	16. B. 12.
Id. 16. E. 13.	16. G. 13.	Id. 5. C. 13.
5. F. 14. 9.	5. A. 14.	D. 14.
G. 15.	Id. B. 15.	13. E. 15.
13. A. 16. 17.	13. C. 16.	2. F. 16.
2. B. 17. 6.	2. D. 17.	G. 17.
C. 18. 14.	E. 18.	10. A. 18.
10. D. 19.	10. F. 19.	B. 19.
E. 20.	G. 20.	18. C. 20.
18. F. 21.	8. A. 21.	7. D. 21.
7. G. 22.	7. B. 22.	E. 22.
A. 23.	C. 23.	15. F. 23.
15. B. 24.	15. D. 24.	4. G. 24.
4. C. 25.	4. E. 25.	A. 25.
D. 26.	F. 26.	12. B. 26.
12. E. 27.	12. G. 27.	1. C. 27.
1. F. 28.	1. A. 28.	D. 28.
G. 29.	B. 29.	6. E. 29.
Pr. 9. A. 30.	9. C. 30.	Pr. 7. F. 30.
	Pr. D. 31.	

IVILLET.	AOVST.	SEPTEMB.
kal.6. G. 1.	kal.14. C. 1.	Kal.3. F. 1.
A. 2.	3. D. 2.	G. 2.
14. B. 3.	E. 3.	11. A. 3.
3. C. 4.	11. F. 4.	B. 4.
D. 5.	No. G. 5.	No.19. C. 5.
11. E. 6.	19. A. 6.	8. D. 6.
No. F. 7.	8. B. 7.	E. 7.
19. G. 8.	C. 8.	16. F. 8.
8. A. 9.	16. D. 9.	5. G. 9.
B. 10.	5. E. 10.	A. 10.
16. C. 11.	F. 11.	13. B. 11.
5. D. 12.	13. G. 12.	2. C. 12.
E. 13.	Id.2. A. 13.	Id. D. 23.
13. F. 14.	B. 14.	10. E. 14.
Id.2. G. 15.	10. C. 15.	F. 15.
A. 16.	D. 16.	18. G. 16.
10. B. 17.	18. E. 17.	7. A. 17.
C. 18.	7. F. 18.	B. 18.
18. D. 19.	G. 19.	15. C. 19.
7. E. 20.	15. A. 20.	4. D. 20.
F. 21.	4. B. 21.	E. 21.
15. G. 22.	C. 22.	12. F. 22.
4. A. 23.	12. D. 23.	1. G. 23.
B. 24.	1. E. 24.	A. 24.
12. C. 25.	F. 25.	9. B. 25.
1. D' 26.	9. G. 26.	C. 26.
E. 27.	A. 27.	17. D. 27.
9. F. 28.	17. B. 28.	6. E. 28.
G. 29.	6. C. 29.	F. 29.
17. A. 30.	D. 30.	pri.14. G. 30.
pr.6. B. 31.	pr.14. E. 31.	

OCTOBRE.			NOVEMB.			DECEMBRE.		
Kal. 3.	A.	1.	Kal. 11.	D.	1.	Kal. 11.	F.	1.
11.	B.	2.		E.	2.	19.	G.	2.
	C.	3.	19.	F.	3.	8.	A.	3.
19.	D.	4.	8.	G.	4.		B.	4.
8.	E.	5.	No.	A.	5.	No. 16.	C.	5.
	F.	6.	16.	B.	6.	5.	D.	6.
No. 16.	G.	7.	5.	C.	7.		E.	7.
5.	A.	8.		D.	8.	13.	F.	8.
	B.	9.	13.	E.	9.	2.	G.	9.
13.	C.	10.	2.	F	10.		A.	10.
2.	D.	11.		G.	11.	10.	B.	11.
	E.	12.	10.	A.	12.		C.	12.
10.	F.	13.	Id.	B.	13.	Id. 18.	D.	13.
	G.	14.	18.	C.	14.	7.	E.	14.
Id. 18.	A.	15.	7.	D.	15.		F.	15.
7.	B.	16.		E.	16.	15.	G.	16.
	C.	17.	15.	F.	17.	4.	A.	17.
15.	D.	18.	4.	G.	18.		B.	18.
4.	E.	19.		A.	19.	12.	C.	19.
	F.	20.	12.	B.	20.	1.	D.	20.
12.	G.	21.	1.	C.	21.		E.	21.
1.	A.	22.		D.	22.	9.	F.	22.
	B.	23.	9.	E.	23.		G.	23.
9.	C.	24.		F.	24.	17.	A.	24.
	D.	25.	17.	G.	25.	6.	B.	25.
17.	E.	26.	6.	A.	26.		C.	26.
6.	F.	27.		B.	27.	14.	D.	27.
	G.	28.	14.	C.	28.	3.	E.	28.
14.	A.	29.	3.	D.	29.		F.	29.
3.	B.	30.	prid.	E.	30.	11.	G.	30.
prid.	C.	31.				prid. 19.	A.	31.

k

Au nombre d'or si le plus grand precede
Le plus petit sans espace succede,
Si le petit precede le plus grand
Donner luy faut interualle de rang:
Mais les six mois qui nōbrēt pair balācēt
En certain lieu de la loy se dispensent.

Nous auons merqué vn ordre du nombre d'or seullement depuis le 17. iour de Ianuier, iusques au quatorziesme Feurier, & depuis le vingt-vniesme iour de Mars, iusques au dixhuictiesme d'Auril, duquel nous exposerons l'vsage & la praticque au traicté de l'Inuention des festes mobilles, à quoy i sert : Anciennement en la vieille situation, il se commençoit par *scxd. quinq tred. &c.* pour le mesme vsage auiour d'huy par *Ternus, vndin. &c.* & puis pa quat. pour l'an 1700,

Comment le nombre d'or sert à trouuer
l'Epacte.

Art. XII.

Vtre l'vsage du nóbre d'or,
à ce que nous auons dit cy
dessus Art. 43. il sert encores
à former les clefs, comme
nous dirons, il oste le doute qui est aux
Epactes du Kalendrier, touchant l'Epacte 25. qui est tantost de rang, tantost
sur le 25. & 24. & monstre laquelle il
faut prendre. Sçauoir, quand ledit nóbre d'or est au dessus douze, il faut prédre celle d'au dessus qui est à costé de
26. & quand il est au dessouz de douze,
celle de dessouz qui est à costé de 24.
En apres d'autant que les Epactes sont
maintenant necessaires, aussi l'est-il par
ce que luy seul en donne l'inuentió, &
les reigles quant & quant, auec luy par

la maniere qui est au Kalendrier Gre
gorien que nous repeterons icy, il ser
doncques à trouuer l'Epacte en deu
manieres. La premiere par quelle Epa
cte se commence chacun reiglemen
nouueau: La deuxiesme quelles sont le
dixneuf entre les trente nombres Epa
ctaux qu'il enfile auec luy; La premie
re ne se peut cognoistre que par les ta
bles qui sont au kalendrier Gregorier
faut cercher en la table des annees d
nostre Seigneur, & mādier la lettre qu
est à costé de l'annee que l'on desire sçi
uoir, puis la cercher en la table des Ep;
ctes. & sçachāt le nombre d'or de lad
cte annee par le moyen qu'auons dor
né, Et comptant ledict nombre d'or
2. deuant ladite lettre ou eschera le der
nier: là sera l'Epacte merquee en ladit
table, comme nous dirons encores a
traicté des Epactes. Apres auoir trou
ué là vne Epacte, ce n'est pas tout,

ut trouuer ces dixneuf qui entrent au
eiglement , car elles ne se treuuent pas
djoustant tousiours onze, comme par
xemple au present reiglement du nó-
re d'or, auec l'Epacte , apres celle de
9. a dicustant onze seroient 30. qui est
Epacte nulle , & neantmoins c'est 1.
ui vient apres: pareillement en ce se-
ond reiglement, icy merqué dudit nó-
re d'or (auec l'Epacte depuis l'ã 1700.
nclus à l'an 1900. exclus) apres celle de
8. deueroit.

Nõb. d'or.	10 11 12 13 14 15 16 17 18 19 1
	2 3 4 5 6 7 8 9.
Epact.	20 1 12 23 4 1526 7 18 ✳ 11 22
	3 14 25 6 17 28.

Venir 29. adioustant vnze, & neantmoins vient l'Epacte ✳ qui sont douze
dioustez, & ainsi és autres reiglemens:
artant sera icy la deuxiesme façon de
rouuer & regler les Epactes, apres a-
uoir trouué la premiere ou autre du

reiglement, faut compter le vers fufdict *Ternus, vndin, nocd. oct. &c.* fur les
trente nombres Epactaux mis d'ordre,
& le cõmencer par la fyllabe du nombre d'or, qui veut auoir cefte Epacte;
Et ce faifant ledit vers monftre quelles
il veut, & quelles il ne veut point. Car
les Epactes fur lefquelles efcheent les
fyllabes qui figniffient nombre font du
reiglement, & celles fur lefquelles tom-
bent les fyllabes qui ne figniffient aucũ
nombre font hors du reiglemét : Dõc-
ques pour cognoiftre quelles font les
Epactes du prefent reiglement depuis
la reformation iufques à l'an 1700. exclus, faut commencer ce vers par la fyllabe -*ta* de ota puis *nouem. dẽpt. fex. &*
quat.. Ternus &c. fur les Epactes qui sõt
le rang au Kalendrier en Ianuier qui
commence par cefte Epacte ✳ fur laquelle chet la fyllabe qui ne ne figniffie
rien, auffi eft cet Epacte ✳ hors du prefent reiglement : *no*-chet fur 29. qui

monftre qu'elle eft en vfage, & que le nombre d'or 9, & l'Epacte 29. font mariez enfemble : En apres la fyllabe *ven.* tombe fur 28. qui monftre qu'elle n'eft en ce reiglement, *dĕpt.* tombe fur 27. auffi font-ils conjoints enfemble, pareillement *fex.* fur 26. & fur l'Epacte 25. la met hors, *quat.* fur 24. *Ter.* fur 23. monftre le nombre d'or, quatorziefme & 3. eftre conjoints auec 24. & vingttrois d'Epacte ; Ainfi des autres fans exception.

De la maniere de remettre toufiuurs le nombre d'or.

ART. XIII.

POVR remettre le nŏbre d'or quand il fera failly, tant fur le Kalendrier que fur la main, il ne faut que fçauoir par quel-

le fyllabe le verfet du nombre d'or fe
commence au premier iour de Ianuier,
& cela fçeu le deuider & enfiler depuis
vn bout iufques à l'autre auec les mefmes exceptions, & mefmes mois, & en
mefme lieu, on en fera des tables qui
voudra ; Pareillement la mefme fituation des mois demeurera toufiours fur
la main pour tous reiglemens : Il fe có-
mence maintenant par la derniere fyllabe de jota, au prochain reiglement il
commencera par la premiere, c'eft à dire 1. & durera iufques à l'an 1900. Le 3.
fe commencera par la fyllabe *ducd*.
C'eft à dire 12. & durera depuis l'ã *1900*.
inclus, iufques à l'an 2200. exclus   Le
4. par *Tus*, depuis l'ã 2200. inclus , iufques à l'ã 2300. exclus. Le cinquiefme
par *quar*. C'eft 4. depuis l'an 2300. compris iufques à l'ã 2400. exclus. Aux fixiefme & feptiefme reiglemens feront
repetees les deux dernieres, fçauoir-*tus*

& quat. puis faudra continuer retrogradant de syllabe en syllabe.

Autre maniere de trouuer l'Epacte par le nombre d'or.

ART. XIIII.

Ous auons desia monstré comme ce nombre dixneufielme sert à trouuer l'Epacte en deux façons, en voicy vne troisiesme qui est aussi necessaire pour trouuer incontinent l'Epacte de quelque annee du present reiglement. Cela est difficille sans liure, car si c'est d'vne annee future, & principallement bien reculee, & que l'on adiouste tousiours onze, on s'abusera comme nous au ons monstré; pareillement si c'est pour vne annee passee ostát tousiours onze: Voicy donc comme il faut faire pour en a

uoir prõpte expeditiõ par cœur, mettez
le nõbre de dix à la ioincture du poulce
&20. à la racine dudit doigt, ce fait prenez le nombre d'or de l'ãnee que vous
cerchez, sçachant son nombre d'or, qui
se fera incõtinent par la diuisiõ des ans,
si autrement ne pouuez, comptez tout
ledit nombre sur les sommité, joincture
& racine du poulce , commençant 1.
sur ladicte sommité, puis 2.3. 4. consecutiuement iusques a auoir rencontré
le nombre d'or de ladicte annee, s'il eschet sur la sommité , ou il n'y a aucun
nombre, cela monstre que le nombre
d'or & l'Epacte concurrent & sont sé-
blables: si c'est sur l'vne des deux autres
le nombre qui y est ioinct auec celuy
qui y eschet, sont l'Epacte de ladicte
annee; s'ils passent tréte, le surplus desdicts trente sera l'Epacte. Anciennemét enuiron l'an 1400. pour auoir l'E-
pacte sommairement , faut mettre 10.

20. ſur les ſommité & joincture dudict
doigt.   Et pour ce meſme effect pour
le prochain reiglement ſuyuant, remettre 9. & 19. ſur les joincture & racine
du meſme doigt, & de ce qui eſcherra
ſur la ſommité, en oſtez 1. le reſte ſera
l'Epacte, comme en l'an 1700. il y aura
10. de nombre d'or qui eſcheent ſur la
ſommité du poulce, deſquels vn oſté
demeurét 9. pour l'Epacte de ladite annee & ainſi des autres: De ſorte q̃ le nóbre d'or 1. ſera couplé auec l'Epacte nulle ✻ Cecy n'eſt ſeullemét q̃ pour auoir
l'Epacte ſommairement du precedent
reiglement preſent & prochain, car no⁹
móſtrerons au traicté d'icelle vn moié
pour auoir ſur la main vniuerſellemét
toutes Epactes en toutes annees.

TROISIESME PARTIE DE L'EPHEMERIDE MANVELLE.

Traittant de l'Epacte & de la Lune.

ARTICLE I.

APRES auoir expliqué le nõbre d'or, faut expliquer & entédre que c'est que l'Epacte, & sçauoir qu'elle a esté trouuee pour reigler le cours & les iours de la Lune sur les iours & mois du Soleil, pour à quoy paruenir est à notter que le Soleil a pour son annee trois cens soixante & cinq iours, & quelques heures cõme dit a esté, & la Lune n'en a q̃ 354. & quelques minutes: De façon que la Lune a pour son annee onze iours

moins que le Soleil , lequel reste de
iours n'est autre chose que l'Epacte, adjoustant d'annee en annee onze sur onze,iusques au nombre de 30. qu'elle
n'excede point , car aduenant qu'elle
surpasse ledit nombre:faut oster les 30.
& retenir le reste pour Epacte, comme
disent ces vers.

Annum Lunarem solari Scito minorem
Et volui vndenis pauperiore rota
Quos æquare volens vndena prioribus adde
Hoc quæsita tibi fiet Epacta modo,
Exuperante tamen numero terdena mouebis
Quod superest horum nonna fidelis erit.

De l'vsage de l'Epacte.

ART. II.

L y a maintenát trois vsages
diuers de l'Epacte, desquels
nous dirós l'vn apres l'autre.
Le premier est celuy qui mó-

ftre les nouuelles lunaifons, & reigle les iours des mois de la Lune fur ceux du Soleil, eftant cóme le racloir qui égalle iuftement l'vn & l'autre: Le deuxief-me eft, que des Epactes qui font trente en nombre, les vnes ont vogue pour quelque temps, pendant que les autres fe repofent: car elles n'ont pas cours toutes trente l'vne apres l'autre, ains eft marié le nombre d'or auec 19. d'icelles par certains reiglemens, puis elles font laiffees pour d'autres qui fór en vfage à leur tour. Le troifiefme eft celuy du ka-lendrier où elles font couchees fur cha-cun iour des mois, depuis vn bout iuf-ques à l'autre; quelle fituation ne vaut & n'eft propre feullement que pour trouuer les feftes mobilles.

A R T.   III.

Vuand au premier vsage de l'Epacte elle est plus vtille & necessaire pour sçauoir la nouuelle Lune & cours d'icelle que le troisiesme vsage ou le nóbre d'or, mais non si propre pour trouuer les festes mobilles, & au contraire le troisiesme vsage n'est pas propre à trouuer bien iustemét les nouuelles Lunes: car il ne monstre que la prime-Lune, c'est à dire le lédemain qu'elle est nouuelle, & bien souuent la tierce seullewent, mais du tout necessaire & propre pour trouuer les festes mobilles, tellement que si on vouloit sçauoir precissement le quantiesme iour de la Lune, on auroit, on s'abuseroit souuét

de deux ou trois iours. Pour le secõd
vsage aussi elle est fort necessaire : car si
l'on vsoit de tous les trente nombres
Epactaux, l'vn apres l'autre qui seroit
adjoustant tousiours onze aux prece-
dés, & pour recõmencer on s'abuseroit
fort, & n'y auroit moyé de rien cognoistre, ny au passé, ny au futur, comme
nous auons dict au fol. 77. quel vsage
a esté surrogé au lieu du nombre d'or,
qui anciennement faisoit cet office, no⁹
en auons dit la raison Art. 4. preced.

Du premier vsage de l'Epacte.

ART. IIII.

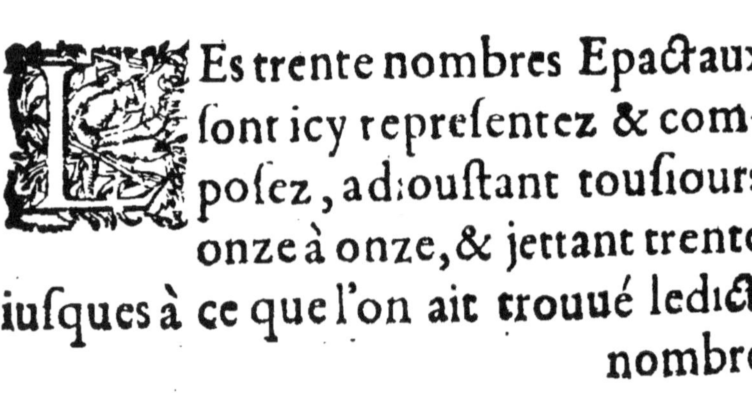

Es trente nombres Epactaux
sont icy representez & com-
posez, adioustant tousiours
onze à onze, & jettant trente
iusques à ce que l'on ait trouué ledict
nombre

nombre de 30. qui eſt l'Epacte nu lle
ainſi merquee. ✳

  ✳ 11 22 3 14 25 6 17 28 9 20 1 12 23 4.

  15 26 7 18 29 10 21 2 13 24 5 16 27 8 19.
Par ce que c'eſt vne lunaiſon. & 30. de-
monſtrent & vallent autant comme
nouuelle Lune, laquelle bien qu'elle
ayt de plus grandes & plus petites lunaiſons les vnes que les autres, iamais
pourtant ne paſſe trente, qu'elle ne ſoit
renouuellee pour le moins de cinq ou
ſix heures. Pour venir donc à noſtre
but, qui conſiſte à ſçauoir quand fut
ou ſera la nouuelle Lune, ſes quartiers,
ſes iours, & le quantieſme d'icelle eſchet ſus chaque iour du mois du Soleil:
eſt à entendre que comme il y a des regulieres des feries, deſquelles auons
parlé Art. 19. auſſi y a-il des regulieres
lunaires, c'eſt à dire certain nombre attribué à chacun mois qui ne change iamais, ſçauoir

                          L

Ianuier & Mars	1.
Feurier & Auril.	2.
May	3.
Iuin	4.
Iuillet	5.
Aouſt	6.
Septembre	7.
Octobre	8.
Nouembre	9.
Decembre	10.

Anciennement & lors qu'on commençoit l'annee en Mars, on donnoit à Ianuier & Feurier pour regulieres à l'vn 11. & à l'autre 12. mais puis que l'an commence maintenaut par le mois de Ianuier, nous auons mis ce moyen nó encores praticqué plus court & certain à fin de commécer tout audit premier mois, ſelon meſme le troiſieſme vſage de l'Epacte aſſis au kalédrier nouueau. Faut prendre l'Epacte de l'annee, & à icelle joindre la reguliere lunaire du

mois duquel voulez sçauoir la nouuelle lune, ces nombres joints ensemble
sont ou au dessouz de 30. ou passent &
sõt au dessus. s'ils sont au dessouz, comptez combien il y a à dire de iours de
nostre nombre iusques à 30. & à tel, &
autant de iours dudit mois sera la nouuelle Lune, cóme en cette annee 1605.
pour sçauoir à quel iour du mois de Iãuier nous auions nouuelle Lune ie pres
vn pour la reguliere de Iãuier qui joint
à l'Epacte de ladite annee 10. fait 11. &
comptant depuis onze iusques à 30. ie
trouue qu'il y a à dire dixneuf, partant
ie conclus qu'au 19. iour du mois de Iãuier audit an nous auions nouuelle Lune. & pour l'annee suyuante sçauoir la
nouuelle Lnne de Mars, ie prens l'Epacte 21. laquelle joincte à la reguliere
dudict mois faict 22. & de 22. à 30. ie
trouue qu'il y a 8. à dire, ie die dócques
que nous aurons nouuelle Lune le 8.

L iij

iour de Mars 1606. Mais si vostre nombre passe, & est au dessus de 30. faut
oster ce qui surpasse, & le deduire dudit
nombre de 30. & ce qui restera vous
monstrera à tel iour estre la nouuelle
Lune du mois. Comme pour sçauoir
quand fut nouuelle Lune au mois d'O-
ctobre 1604. à l'Epacte de l'annee qui
estoit 29. adjoustant 8. pour la reguliere dudit mois d'Octobre font trente
sept, ostant sept de trente restent vingt
& trois, partant ie dis que nous eusmes
nouuelle Lune le 23. Octobre audit an
1604. si le nombre est de trente seullement c'est nouuelle Lune comme no⁹
dirons encore cy apres.

DE REGVLIS MENSIVM
LVNÆ CONVENIENTIBVS.

Ensi cuiq; suã quũ quæres tẽpora Lunæ
Sic normã tribues, nec enim mihi regula
prisca

Arridet qua Iane biceps vndena requeris
Et duodena sequens. fieri per plurima tædet
Quod per pauca potest:vnũ sit regula Iano
Et marti violis annum qui primus adornat.
Februo & Aprili sub quo flabella tepescunt
Aurarũ & ponunt ventĩ duocuiq; dabũtur.
Pocula vult-Maius tria, Cãcro Iuni⁹ ardẽs
Astifero quadræ qnotuplex est Angul⁹optat,
Quinq; sitibundus ceu Iulius, adde sequẽti
Plus vnũ Augusto qui cõdit in horrea messes:
Septẽm Septembri Leneia dona ferenti:
Et sic de reliquis addendo cuilibet vnum
Et mensũ numero, bis quina December
　　habebit.

INVENIENDÆ NEOMÆNIÆ
seu nouilunij modus.

C *Viuscũq; voles nouilunia mẽsis habere*
　Accipe quę fueras, hornam scrutator
　　epactam
Sedulus, iuuentæ normam coniungito mẽsis:

Quot porrò numerans inueneris esse minorĕ
Tricenis numerum tot mensis luna diebus
Illius exactis rugas noua ponet Aniles.
At si ter decimū superabit deme quot extāt
A terno decies, cornu iuuenile tenebis :
Haud aliter quã si triginta æquauerit istuc
Temporis amplexu fratris satiata resurgit.

Pour regler les mois Lunaires sur les mois du Soleil.

ART. V.

APres auoir congneu le moié dè trouuer la nouuelle Lune faut sçauoir & cognoistre le quantiesme d'icelle eschet ſur chacun iour des mois de l'an. pour doncques reigler le cours lunaire sur celuy du Soleil, & mesurer leurs iours ensemble, il conuient à la quantité des iours du mois que recerchez adiouster

l'Epacte courrante en l'annee, & les regulieres dudit mois, & si tous ces nóbres assemblez sont au dessouz de 30.
tel est le iour de la Lune. S'ils font 30,
c'est la fin d'icelle & son renouuellemét
quant & quant : S'ils passent 30. faut re-
jetter les 30. & le reste est le iour de la
Lune; mais pour l'auoir plº iuste, faut retenir quelq̃ demy ou vne moitie pour
adjouster à vostre reste, ce qui est bon
de notter ; car encore que nous ayons
dit qu'il conuient rejecter tous les trente, & ne retenir que le reste, & que cela se doiue obseruer en toutes les ope-
rations, si est ce qu'il faut apart soy retenir quelque chose dudict nombre de
30. qui sera comme vne moitie d'vn
iour: Car on n'é sçauroit retenir moins,
d'autant que la Lune n'a pas 30. iours:
ains reuiennent à enuiron 29. & demy
& si on ne se souuient de retenir ce demy on s'abuseroit souuent au compte

L iiij

d'vn iour, & quelqfois de deux. comme nous auons trouué en l'art precedent qu'il y eut nouuelle Lune le 23.
d'Octo. 1604. oſtant 7. de 30. & reje-
ctant leſdicts 30. c'eſt à dire 29. & demy
ſi bien que cela monſtre qu'elle tenoit
du 22. dudit mois, comme ſe prouue
par l'operation, car ſi audit 22. iour
vous adiouſtez 8. la reguliere dudit
mois, vous voiez que cela faict trente,
& partant nouuelle Lune: & pour le
monſtrer encores, ie veux ſçauoir le
quantieſme de la Lune eſtoit le 25. dudict mois d'Octobre audict an 1604. à
l'Epacte 29. adiouſtant les 25. iours du
mois, & puis la reguliere 8. tout cela
faict 62. Si le reiecte 60. qui ſont deux
fois trente, ie n'auray pour ledit ipur
que le 2. de la Lune, ce qui n'eſtoit pas,
car c'eſtoit pour le mois le 3. entier voi-
re participant ſur la fin du 4. ſelon la
verité, & ce qu'auons ja dict: cecy ſer-

uira pour toutes annees paſſees, preſen-
tes & futures, ſans exception, ſoit deuant ou apres la reformation du Kalendrier.

DE QVOTA LVNA
cognoſcenda.

Vi cupis æquales ſolis lunæq; meatus
   Accipere & lunæ bigam conferre qua-
      drigis
Solis, habēda tene: Solaribus adde diebus
Lunarem menſis de quo contabere normam
Mox tibi ſit præſtò qui cū Pyroente volucri
Cōparat anniculæ latonida gnomon epactæ:
Hæc tibi juncta dabunt quo cælum turbine
      luſtret
Inſtabilis Dictynna, quota face mēſis in illo
Lumine fraternos vel ponè vel anteit ignes
Vel coit: ex numero triginta auferre memēto
Si ſuperet, reliquum lunaris habebitur ætas.

Eſt à noter que pour trouuer la

la nouuelle Lune , il ne faut q̃ deux
nombres, ſçauoir l'Epacte & la reguliere; mais pour le quantieſme il en faut
trois , les iours du mois , ſa reguliere &
l'epacte, ces deux façons ſe fortifient
& aydent l'vne l'autre : Car pour ſçauoir ſi lon a point failly en faiſant l'o-
peration du quantieſme, ne faut que
chercher la precedente ou ſuiuãte nouuelle Lune, ſi elle ſe rapportent l'operation eſt bonne, ſinon il y a erreur. Cẽ-
ſte maniere de trouuer la nouuelle Lune & ſes iours eſt beaucoup plus pre-
ciſe prompte & facille, par ceſt vſage
de l'epacte que par le nombre dor à
compter ſur la main, car on aura auſſi
toſt trouué les douze lunaiſons d'vne
annee par ceſte façon qu'vne ou deux
par ledit nombre, qui apres cecy ne
ſeruiroit autrement ſi ce n'eſtoit pour
les feſtes mobilles.

Des quartiers & faces de la Lune.

ART. VI.

YANT congneu auquel iour est la nouuelle Lune, l'on cognoist aisemēt q̃ls sót les iours d'icelle, & son cours menstrual auquel encore qu'elle change de face chacun iour neantmoins on en remerque 4. principalles. La premiere est dicte nouuelle Lune qui n'apparoist que sur le 2. ou 3. iour apres, ayant les cornes vers l'Orient, & le dos vers l'Occident : La deuxiesme, premier quartier lors que le rond de son corps est mi-party d'obscurité & de clarté, enuiron le huictiesme iour. La troisiesme dicte plaine Lune quand son rond est tout remply de lumiere, qui est enuiron le 15. iour, cóptant par le premier vsage de l'Epacte,

Car selon le troisiesme vsage & assiette
d'icelles au kalendrier reformé ou bien
de l'assiette du nombre d'or, c'est tous-
jours le quatorziesme, & dure iusques
au 21. ou 22. où est merquee sa derniere
face qui a les cornes vers l'Occident au
côtraire de la premiere, & dure iusques
à ce qu'elle soit nouuelle, depuis laquelle elle va en croissant iusques au
iour de sa plenitude qui est la moitye
de la lunaison, & l'autre moitie depuis
en diminuant que l'on dict en decours,
comme chantent ces vers.

DE MENSTRVA LVNA

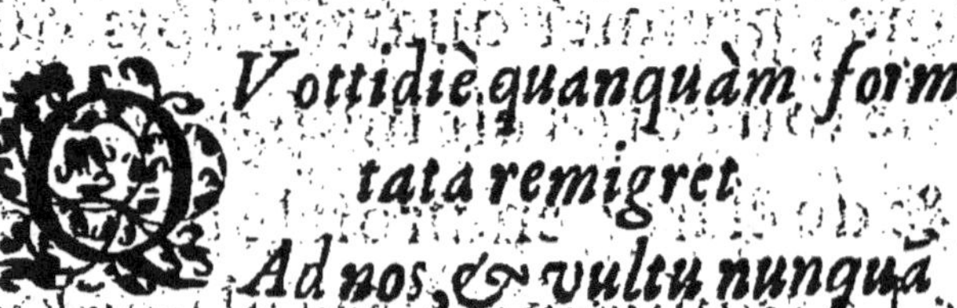

Vottidie quanquàm formam mu-
tata remigret.
Ad nos, & vultu nunquã succedat
eodem
Cynthia quũ tacitũ serotina scãdit Olympũ.
Attamen à cuius ad fata nigrãtia pergens

Precipuè terræ quadriformis ob ãbulat orbẽ.
Primùm obscura silet manibusq; ante ora
    reductis
Illunem geminat sub sole recondita noctem
Coniugij pudibunda tametsi à nemine visa.
Post, Hyperionio sensim se subtrahit astro
Summa micãs ac si frontẽ Mæander obiret
Aureus, inde magis candore magisq; nitẽti
Splẽdet, & in geminum gracilescunt lumina
    cornu.
   Bina datur facies octauum circiter ortum
Diuiduũ præbens tenebris & lumine corpus:
Pàrs micat argento fratris quæ læua lucernã
Occiduï, pars dextra nigret quæ respicit ortũ.
Quò magis illa fugit solẽ magis aurea frõtẽ
Emicat adducens cœuntia cornua sensim:
Quamq; bipertitam lux & caligo tenebant
Nunc ea cõpositis in gyrum cornibus orbem
Cõficit, & splẽdens fraternos integrat ignes.
   Tertius is vultus Lunæ quæ recta rubenti
Obijcitur soli terquina volumina torquens:
Inchoat excubias serò quùm grandis ab ortu

Prosilit, & vigilū mūdi grauis occubat alter
Post modò paulatim libantibus ora tenebris
Defficiens sub fratre refert & tabida ceu lux
Liquitur inq; dies labefactos exerit artus
Lumine nunc fosso nunc trunca nare reuertēs
Semilacer donec vultus stellantia cæli
Cærula percurrat terramq; biformis oberret
Hîc (cape) postremū dat corniger erro qua-
drantem
Tèr quatèr emensus deciesque rotatile cœlū,
Lucida qua Gangē retrò qua cernit Iberam
Pars est occiduis confusa & concolor vmbris
Jndè senex in fata ruens curuamina tergi
Obijcit & faciem contracta nare bifurcam:
Quò magè subsidit soli maiore voratur
Parte sui, bigamq; recens à vulnere tardat
Quotidiè, donec Phæbæa lampade tectus
Extremū peragat renouās ab origine cursum
Circiter octauam diuiso à corpore lucem.

De la Crise de la Lune.

ART. VII.

N. cognoist à peu pres l'o-
rage & tempeste par ces signes en la Lune, és premiers
iours qu'elle est nouuelle: si
lors qu'elle se leue elle cache ses cornes
dãs vn noir nuage, c'est signe de pluye
& tempeste, si elle est rougeastre & cõme doree, elle signifie vent : mais si sur
le quatriesme iour elle se monstre belle
& argentine. ayant les cornés bien ai-
gues, toute la lunaison sera belle, & ny
aura que beau temps : c'est la Crise de
la Lune que le Poëte Latin à chantee
quand il dit au 1. liure de ses Geor.

Luna reuertentes cum primùm colligit ignes.
Si nigrum obscuro comprenderit aera cornu,
Maximus agricolis pelago q; parabitur imber

At si virgineum suffuderit ore pudorem
Vêtas erit, vêto semper rubet aurea Phœbe.
Sin ortu in quarto (nãq; is certiſſim⁹ aũthor)
Pura, nec obſtuſis per cœlum cornibus ibit
Totus & ille dies & qui naſcentur ab illo
Exactum ad menſem pluuia ventiſque ca-
*   rebunt.*

C'eſt ce qu'on dict en vn vers commu-
nement.

Pallida luna pluit, rubicunda flat, alba ſe-
*   renat.*

Toutesfois pour le regard de ſa Cri-
ſe, il me ſemble que le ſixieſme eſt encore plus certain que le quatrieſme, cóme i'ay obſerué pluſieurs fois ſelon ce
prouerbe, quelle eſt la ſexte, telle eſt la
reſte, c'eſt à dire que ſi au ſixieſme iour
il y a changement de temps de beau au
laid, de chaud au froid, de doux à la ge-
lee, d'humide au ſec, & au contraire ou
bien continuation du precedent tout
le reſte de la Lune ſera à peu pres de
                                        meſme

mesme, mais bien infailliblement, si le
quatriesme & sixiesme sont semblables : car s'ils se trouuent differens &
contraires, comme l'vn beau & l'autre
pluuieux, le reste de la Lune sera moitie beau & moitie pluuieux. Nottez
qu'il faut considerer ledit quatriesme
ou sixiesme iour tout le long des 24.
heures, commençeant à compter de
iour à autre du point & heure qu'elle
aura esté nouuelle, De quoy nous auós
mis icy ces vers.

DE LVNÆ CRISI.

De face Dianæ sexto sumemus ab ortu
Iudicium, quo si præbebit pallida nobis,
Ora modo buxi pluuijs obnoxia tota
Fiet aquis. si purpureo suffusa colore,
Euocat infernè Corum ventosque sonros
Qui peragète raram, syluas & nubila perflęt.

M

Si niueo candore nittens per prompta polorū
Nigros ducet equos & cornibus ibit acutis
Deſtinat æſtiuo nobis in tempore ſudum,
Sicut & hyberno concretis amnibus acrj
Frigore mortales Boreali verbere cædit.

Du ſecond vſage de l'Epacte

ART. VIII.

POur ce que l'Epacte és annees futures ne ſe forme
pas touſiours adjouſtant onze au nombre precedent có-
me dict eſt, non plus que les oſtant
pour les annees paſſees, ny auſſi par
quelque diuiſion : il y a vne grande in-
certitude prouenante de ce que l'an lunaire n'eſt pas moindre du Solaire de
n̄.iours iuſtemét, ains y a quelques heures moins qu'incótinant font des iour
à cauſe deſquels l'Epacte ſeroit trop

foible, & puis inutille du tout. Au moié
dequoy on a fagement aduifé de prendre dixneuf de ces 30. nombres Epactaux par reiglemés, & les joindre auec
le nombre d'ot, & en laiffer toufiours
onze de refte en artiere qui ne feruent
de rien pendant que les autres dixneuf
fôt en reigne . Au changemét defquels
deuant la reformation l'on adjouftoit
vn dintrade à l'Epacte, & depuis de
19. en 19. ans, vn autre durant le cours
du reiglement, comme on peut voir
icy és cinq premiers depuis la Natiuité
de noftre Seigneur . A fin de tenir tou-
jours la Lune en bride par le moyen de
l'Epacte, & la fuyure le plus iuftemét
que faire fe pourroit, auffi que l'annee
eftoit trop longue, & le cours du nombre d'or fur les iours de l'ã de trop grãde eftenduë : mais maintenant que l'annee eft corrigee, l'on ofte vn dintrade
au reiglement fur l'Epacte lequel on

M ij

remet de 19. en 19. ans durant le cours dudit reiglement. L'Epacte doncques ainſi tantoſt racourcye, & puis allongee ſuit de pres le cours de la Lune, de laquelle Epacte le ſecond vſage n'eſt autre choſe que lors qu'il y a changement de reiglement, de ſçauoir prendre deſdicts trente nombre Epactaux mis d'ordre)comme ils ſont en l'Art.58. ou en la table du Kalendrier Gregorié) & choiſir 19. de ſuitte,&les marier auec le Cycle du nombre d'or, pour auoir cours & vogue tant que durera ledict reiglement, pour lequel faire & compoſer eſt beſoin de ſçauoir deux choſes; L'vne par quelle annee il commence, l'autre quel eſt le nombre d'icelle. La premiere ne ſe peut cognoiſtre autrement que par la table du Cycle perpetuel des Epactes, qui eſt au kalendrier Gregorien quand il y a changement, de lettre. La deuxieſme ſe cognoiſt facilement quand on ſçait l'annee par

la diuision des ans faicte selon l'Art. 51.
sçachant doncques le nombre d'or de
l'aanee, vous pouuez sçauoir incótinét
son Epacte, qui se faict ostant vn de la
precedente, & prenant les autres de
suitte cóme elles sont en l'Art. 58. Vous
cognoistrez si le reiglement est bien
faict quand de toutes les 19. Epactes
qu'auez prises vn se trouue osté de chacune, c'est à dire qu'elles soient moin-
dres d'vn que les 19. precedentes, con-
me nous dirons encore plus amplemét
en l'Art suyuant.

De la moniere de composer reiglements du
nombre d'or auec l'Epacte pour
toutes annees.
Art. IX.

Eneralement pour faire toutes sortes de reiglemens de
l'Epacte auec le nombred'or
tát deuát qu'apres la reformatió du Kal.

il conuient premierement ſçauoir (cõme auons dict) par quelle annee finit
ou commence le reiglement que voulez auoir , cela eſt neceſſaire qui ne ſe
peut autrement cognoiſtre que par la
table Gregorienne au changement de
lettre és annees de noſtre Sauueur que
nous auons inſerees à cette fin au bout
de noſtre liure. C eſt doncques quand il
y a changement de lettre, car la meſme
lettre ſigniffie meſme reiglement, & ſi
elle eſt repetee cela monſtre auſſi repetition de reiglement, & touſiours depuis l'vn inclus, iuſques à l'autre exclus
par annees centielmes, ſçachant donc
par quelle annee il commence, &
le nombre d'or d'icelle: ſi c'eſt deuant
la reformation, faut adiouſter vn à l'E-
pacte precedéte dudit nombre d'or, &
à toutes les 19 autres conſecutiuement.
Si c'eſt apres la reformation , faut en o-
ſter vn commençant par celle de no-

ſtre nombre d'or, comme ſi l'Epacte
precedente eſtoit 19. faudra mettre 18.
en ſa place, ſi c'eſtoit vn d'Epacte faudra mettre la nulle ✳ & ainſi des autres,
ou bien par autre moyen plus court
faut trouuer par quelle ſyllabe doit cómécer ce vers ſudict *Ternus vndin.&c.* i-
celle cogneuë la coucher ſur le preſent
roolle des Epactes cy mis, puis tirer ledit vers tout du long : commençant ſi
c'eſt deuant la reformation par l'Epacte 29, ſi c'eſt apres par la premiere qui
eſt ✳ ainſi merquee, les ſyllabes qui
ſignifient nombre mettent au reiglement les Epactes ſur leſquelles elles tó-
bent, & celles qui ne ſignifient nombre les reiettent du reiglement, cela eſt
infaillible, encore qu'en tous reiglemés il ſemble que l'ordre des Epactes
ſoit interrompu à cauſe d'vn qui eſt ad-
iouſté. Le moyen de trouuer la ſyllabe
ſi c'eſt de deuant la correction, pour les

M iiij

cinq premiers reiglemens,	*	15.
faut prendre les cinq pre-	29.	14.
mieres fyllabes d'ordre de	28.	13.
ce vers *Ternus &c.* com-	27.	12.
mençeant par la premiere	26.	11.
fyllabe pour le premier rei-	25.	10.
glement qui eft *Ter-* puis	24.	9.
nus pour le fecond, & par	23.	8.
ce que cette fyllabe *Ter-*	22.	7.
fignifie nombre mife fur	21.	6.
l'Epacte 29. monftre qu'el-	20.	5.
le entre au reiglement. Et	19.	4.
pour le fuyuant qui com-	18.	3.
méce par *nus* qui ne figni-	17.	2.
fie rien, monftre que ladi-	16.	1.

cte Epacte 29. eft rejettee de ce fecond reiglement, & ainfi des autres : comme il eft noté & que pourrez voir par l'article fuyuant, & pour les autres reigle-mens apres la reformatió faut decompter ledit vers, & rebrouffer à chaque reiglement nouueau de fyllabe en fyllabe, commençeant le prefent par cette fyllabe-*ta* de jota, qui mife fur l'Epacte nulle ❋ la rejette de ce reiglement. Il ne refte donques plus pour faire tous autres reiglemens, qu'à fçauoir combien ils ont de duree, & par ou ils commencent, ce qui eft móftré par ce roolle des annees de noftre Seigneur , auquel les mefmes lettres fignifient mefme reiglement , & le changement d'icelles changement de reiglemét, ou repetition du precedent qui eft monftré par la lettre femblable au precedent.

Annees	A.	3100.
de noftre	B.	3400.
Seigneur.	C.	3500.
	B.	3600.
	C.	3700.
	D.	3800.
	E.	4100.
	F.	4200.
	G.	4500.

*Autre maniere de trouuer les Epactes pour
faire reiglemens.*

ART. X.

LA fin & le commencement
des reiglemens comme nous
auons dit, ne se peut appren-
dre autremēt que par la ta-
ble Gregoriéne pour y auoir esté faicte
la.reduction & estat d'iceux:mais pour
cognoistre & enfiller les Epactes auec
le nombre d'or , nous en auons baillé
deux moiens sans auoir recours à ladite
table. Si ce n'estqu'il y ait repetitió seul
lement de quelques reiglemens prece-
dens, Car lors on s'abuseroit fort d'en
faire vn nouueau. Nous auons cy dessus donné la maniere de le cognoistre
par ladictetable:reste donc maint enát
à trouuer par icelle , & pour le troisies-

me & dernier moien les dixneuf nombres Epactaux du reiglement faut voir
en ladite table és annees de noftre Seigneur, & notter la lettre qui eft à cofté
de l'ânee que l'on defire fçauoir & qui
commence le reiglement, puis la chercher en la table fuperieure des Epactes,
ce faict trouuer le nombre d'or de ladicte annee par le moien de l'article 51.
Et l'ayant trouué compter 1. 2. deuant
ladicte lettre : Si bien que le nombre de
3. tôbe fur icelle & pourfuyure iufques
à 19. & dernier du nombre d'or tout
de fuitte : Ce faifant vous aurez par
mefme moien les Epactes qui y font
merquees, aufquelles le nombre d'or
veut & entend fe joindre pour ledict
reiglement, tant deuât qu'apres la correction, & encore que depuis la Natiuité de noftre Seigneur Iefus-Chrift,
il n'y ait eu qu'vne affiette du nombre
d'or, Neantmoins par ce que ledict

nombre se perdoit auec le temps, ils
sont entendus auoir esté faicts comme
nous auôs dict, & iceux merquez pour
le le regard des Epactes seullement à
fin d'auoir esdites annees le cours de la
Lune reigle, & asseuré que l'on ne pou-
roit auoir autrement, & aussi à fin de re-
leuer de peine le Lecteur curieux, nous
les auons representez depuis la premiere annee du Sauueur du monde, iusques à l'an 3100. ayant chacun leur syllabe en teste à main droicte, par laquelle ils commencent leur sittuation sur
les 30. nombres Epactaux.

*Reglemens du nombre d'or auec l'Epacte de-
puis nostre Seigneur Iesus-Christ iusques à l'an 320. exclus.*

ARTICLE XI. Ter-

Nób. d'or	2	3	4	5	6	7	8	9	10	11	12	13
	14	15	16	17	18	19	1.					
Epacte.	18	29	10	21	2	13	24	5	16	27		
	8	19	✳	12	22	3	14	25	7.			

Depuis l'an 320. inclus, à l'an 800. exclus. *nus*

Nõb. d'or { 17 18 19 1 2 3 4 5 9 7 8 9 10
11 12 13 14 15 16.

Epacte. { 4 15 26 8 19 ✳ 11 12 13 14
25 6 17 28 9 20 1 12 23.

Depuis l'an 800. inclus, à l'an 1100. exclus. *Vn-*

3 4 5 6 7 8 9 10 11 12 13 14 15 16 17
18 19 1 2.

1 12 23 15 26 7 18 29 10 21 2 1; 24
5 10 27 9 20.

Depuis l'an 1100. inclus, à l'an 1400. exclus. *Din*

Nõb. d'or { 18 19 1 2 3 4 5 6 7 8 9 10
11 12 13 14 15 16 17.

Epacte. { 17 28 10 21 2 13 24 5 16 27
8 19 ✳ 11 22 3 14 25 6.

Depuis l'an 1400. inclus, à l'an 1583. exclus.

Nõb.d'or{ 14 15 16 17 18 19 1 2 3 4 5 6
        } 7 8 9 10 11 12 13.

Epacte.   { 4 15 26 7 18 29 11 22 3 14
          { 25 6 17 28 9 20 1 12 23.

Faut notter icy que quelques vns
donnent 26. d'Epacte à l'annee 1582. o-
stant premierement les dix iours, & cõ-
mencent à icelle le 6. reiglement, mais
puis qu'à nous ladite annee fut entiere
iusques à la mi Decembre (cõme nous
auons dict) elle demeurera au susdict
reiglement auec son nombre d'or &
Epacte 6. commençant ledit sixiesme
reiglement par l'an 1583.

Reiglement de l'Epacte auec le nombre d'or
depuis l'an 1583. inclus iusques à l'an
                 1700. exclus.   *-tá*

Nõb.d'or.{ 7 8 9 10 11 12 13 14 15 16 17
         } 18 19 1 2 3 4 5 6.

Epacte. { 7 18 29 10 21 2 13 24 5 16 27
         { 8 19 1 12 23 4 15 26.

Depuis l'an 1700. inclus à l'an 1900. exclus. Io.

Nōb. d'or { 10 11 12 13 14 15 16 17 18 19
1 2 3 4 5 6 7 8 9.

Epacte. { 9 20 1 12 23 4 15 26 7 18
✳ 11 22 3 14 25 6 17 28.

Depuis l'an 1900. inclus à l'an 2200. exclus. Ducd.

Nōb. d'or. { 1 2 3 4 5 6 7 8 9 10 12 13 14
15 16 17 18 19.

Epacte. { 29 10 21 2 13 24 5 16 27 8
19 ✳ 11 22 3 14 25 6 17.

Depuis l'an 2200. inclus à l'an 2300. exclus. -tus

Ce reiglement commence par 16. de nombre d'or, & 13. d'Epacte auec cette syllabe.

Depuis l'an 2300. inclus à l'an 2400. exclus. Quar-

Il commence par 2. de nombre d'or, & 8. d'Epacte auec cette syllabe.

De ces deux reiglemens derniers le

premier feruira depuis l'an 2400. inclus commençant par 7. de nombre d'or & 4. d'Epacte iufques à l'an 2500. exclus. Le dernier, depuis l'an 2500. inclus cómençant par 12 de nombre d'or, & 18. d'Epacte iufques à l'an 2600. exclus. Depuis l'an 2600. inclus à l'an 2900. exclus. *Quin-*

Il commence par 13. de nombre d'or & 24. d'Epacte & par cette fylla-be.

Depuis l'an 2900. inclus à l'an 3100. exclus. *-tem*

Il commence par 13. de nombre & 7. d'Epacte & par cette fyllabe. .

DE EPACTIS VERSVS.

Cito ter effe decem quotquot numera-
mus Epactas,
Quæ (quià Lunari Solaris præualet orna
Lucibus vndenis) ità componuntur Epactæ
Si

Si iungas per quosque annos vndena
    priori,
Et quùm triginta numerus superauerit,
    illa
Reijcias, hoc est annalis epacta quod ex-
    tat.
Nec tamen hoc semper verum est vndena
    resumi
Bisquina interdùm, aut etiam minùs adde-
    re par est
Interdùm duodena, sui ne deuia sulci
Obsoleat, sed sit lunæ bona semper habēdæ.
Non ergo alternis cunctarum increbuit
    vsus,
Sed quasdam premit alta quies rubigoque
    mordet
Dum viuunt aliæ & nomen seu lucidus ✻
    vsu
Assiduo splendent: numerus desumitur ha-
    rum
Lunari æqualis cyclo qui quatuor annis
Atque trib⁹ lustris cõstat, duodena fit inde

N

Hoc in connubio quæquæ vic. sima sumat,

Quod primum à fastis correctis nuper ha-
bemus,

Per classes. ideo sunt certæ ad tempus e-
pactæ,

Aureus & numerus, nodo coniuncta iu-
gali.

Quod si plus æquo dum copula regnat eorũ

Acceptum est, vt semper inest quid plusue
minusue,

Auferet in primo status horum proximus
anno

Bina ex vndenis, vel si re s postulat vnũ.

Cætera rite fluent, hæ longa in pace sile-
bunt,

Florescent aliæ quas nigra ærugo vorabat.

Ergo vides ô lunisequas qui condis epacta

Plus minùs vndenis quandoque prioribus
addi

Vndecimam, nec enim sol lucem absoluit
ab anno

Lunari, horæ defficiunt & multa minuta

Hac (prout edocui non) à Septembris vt o-
lim
Martisue, at primis ab Iani vtére kalen-
dis
Totius ad summam lucĕ qui præsidet anni,
Quæ Domini post læta nitet natalia
sexta.

Du troisiesme & dernier vsage de l'Epacte.

ART. XII.

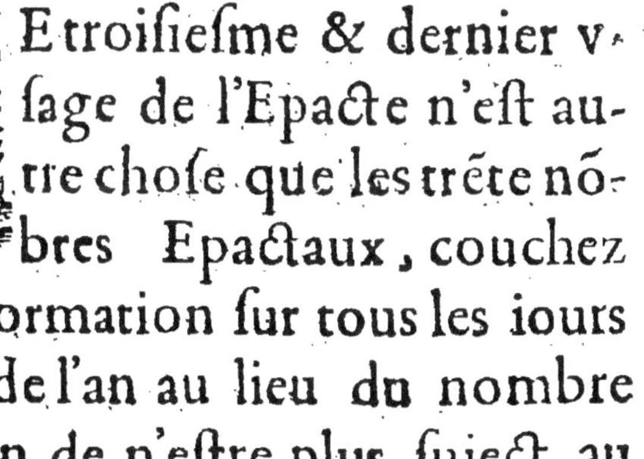

E troisiesme & dernier v-
sage de l'Epacte n'est autre chose que les trête nóbres Epactaux , couchez
par la reformation sur tous les iours
& mois de l'an au lieu du nombre
d'or , afin de n'estre plus suject au
changement. L'ordre de leur situatió
est tel que nous auons mise au prece-

dent article commenceant par l'Epacte *, 29,28,27,&c. sinõ qu'és mois
de Feurier, Auril, Iuin, Aoust(au cõmencement)Septembre,& Nouẽbre
l'Epacte 24.suit immediatement l'E-
pacte 26.& celle de 25.est costiere:la
raison est que la lune n'a pas trente
iours pour son mois,ains 29.& demy
apeu pres,occasion que des douze
mois de l'an on luy en donne six de
trente iours & six de vingt neuf, de
façon que l'Epacte 25.doit estre prise
par fois sur la 26.par fois sur la 24.de-
quoy a esté parlé au nombre d'or
Art.12.Quant est du nombre 19.mer-
qué a costé du dernier iour de Decembre, il ne sert de rien sinon que
quand le nombre d'Or & l'Epacte
concurrent en iceluy & qu'il sert
pour tous d'eux comme en l'an 1595
finalement cet vsage s'est du tout
accommodé & pris pour trouuer le

festes mobilles comme nous dirons
au traicté d'icelles, car pour la lune il
ne la commence & monstre que par
la tierce, rarement par la seconde, &
iamais par la prime ou nouuellet.
Pour le regard de mettre cet vsage
sur la main, afin de cognoistre les lu-
naisons & festes mobiles, ie le trouue trop mal aisé, tant a cause des exceptions, comme pour la diuersité de
cet épacte 25. tout cela seroit de difficile obseruance par cœur : mais le
nombre d'or demeure pour cet effet
qui y est fort propre, ainsi qu'auons
dit au traicté d'iceluy

De la situation des Epactes au Kalandier.

Art. XIII.

Es Epactes situées au Kalandier ne mótrent iamais la nouuelle ou premiere Lune, mais ordinairement la tierce. Ce qui a esté fait expres, d'autant que la Lune à vray dire n'a que 28. iours certains & asseurez, cóptant du premier iour que l'on l'a voit au Ciel, iusques au dernier, n'estant les autres à rien conter, à cause que l'on ne la voit point, & pour leur incertiude. Aussi qu'elle en treau signe dót elle testoit partie apres ces 28. iours, au milieu desquels, sçauoir le quatorziesme, est le iour de sa plenitude auquel l'Eglise Catholique suit la cele-

bration de la feſte de Paſques. Ce qui
aduiédroit ſi telles choſes n'eſtoiét
obſeruées par cet vſage d'Epacte, eſtát
les iours de la Lune fort inconſtants &
incertains. Anciennement par ce que
la couche du nóbre d'or eſtoit de trop
longue eſtenduë, elle auoit reculé de
cinq iours depuis l'aſſiette dudit nom
bre: Au iourd'huy qu'elle eſt racour-
cie par la ſituation des Epactes, elle
gaigneroit peu à peu, & puis aduan-
ceroit à la longue ſi ce n'eſtoit les
changemens & reiglemens qui y re-
medient: comme le nombre d'or &
Epacte 10. montrent maintenant la
nouuelle Lune de Mars, le iour 19. ſeló
le premier & vray vſage de l'Epacte.
Et l'á 1700. (ou ſera le meſme nóbre.)
La nouuelle Lune dudit mois ſera le
20. ſelon l'Epacte 9. qui ſera pour ladite année, & qui auſſi ſe trouue mar-
quée ſur le 22. du mois.

N iiij

De la methode de trouuer l'Epacte de quelque année que ce soit sur la main

ART. XIIII.

L paroist assez parce qu'a-uons dit qu'il n'y a moyen d'auoir la cognoissance des Epactes autre que par la table & reformation Gregoriéne, tant pource que le nombre d'or change d'Epacte à chacun reiglement, comme parce qu'il s'en trouue encore vne irreguliere en iceluy qui est de douze : neantmoins on peut sçauoir tout cecy par cœur, & par vne briefue & facile operation, autrement incontinent l'Epacte de quelque année que ce soit, & la cognoistre sur la main. pour à quoy paruenir faut coucher les 30. nombres Epactaux sur les ioin-

ctures des doigts de la main , commençeant par cette cy ✳ ſur la racine
du poulce , puis 29. ſur la premiere
joinčture du doigt demonſtratif.
28. ſur ſeconde dudit doigt 27. ſur
la troiſieſme : 26. ſur la ſommité
25. ſur celle d'apres l'ongle , & ainſi conſecutiuement les poſant ſur
chaque joinčture en les decontant,
l'Epačte 1. viendra ſur la ſommité du
poulce. eſtant les Epačtes ainſi ima-
ginées ſur la main, trouuez le nombre d'or de l'année propoſée, qui ſe
fait incontinent par la diuiſion, ſi on
ne le ſçait autrement, puis voyez de
quel reiglement eſt ladite année , ſi
elle eſt des cinq premieres , prenez
la ſilabe de ce vers *Ternus Vndin &*
Cæt , par laquelle ſe commence le
reiglement duquel eſt l'année de l'E-
pačte recherchée, & la mettez ſur la
premiere joinčture du doigt demonſtratif, puis tirez tout ledit vers con-

fecutiuement, & expediez les 7. joinctures des doigts l'vne apres l'autre, la
ou fe rencontrera la filabe qui fignifie le nombre d'or de l'année recherchée, là fera fon Epacte infaliblemét.
Si c'eft du prefent reglement ou à venir, commencez par la premiere ioincture du poulce où eft cet Epacte ✳
puis venez à celle du doigt d'apres,
où eft 29. Côme ie veux fçauoir qu'elle eftoit l'Epacte de l'an 300. ie trouue qu'il y auoit 16. de nombre d'or,
diuifát le tout par 19. de chaque céteí-
ne reftent cinq qui font 15 & vn, ad-
iouté font 16. puis voyát qu'elle eft du
premier reiglement du nombre d'or,
qui commence par *Ternus*, ie couché
Ter-fur 29. -*nus* fur 28. enfin cette filabe *Sexd*, qui fignifie 16. éfchet fur la
premiere ioincture du moyen, où y a
22. d'Epacte, qui couroit en ladite année. Toutefois pour le regard du reglement depuis l'an 1400. iufques

à l'an 1582. inclus , & pour celuy d'a-
preſent nous auons mis vne maniere
particuliere plus prompte & facile
pour la trouuer en l'art. 14. & pour
ſçauoir par quelle ſilabe commence
chaque reglemét l'art. 10. de la 3. part.

De l'Emboliſme.

ART. XV.

EST à noter que des 19. années du Cycle lunaire , aucunes ſont cómunes , au-
tres appellées Amboliſma-
les : les cómunes ſont celles qui
n'ont que douze nouuelles Lunes, &
dudit Cycle y en a douze : Les Am-
boliſmales ſont celles qui ont 13.
nouuelles Lunes à cauſe de l'Ambo-
liſme qui ſe trouue en l'vn des 12.
mois qui a deux Lunes nouuelles au

premier & dernier iour, de telles années y en a sept audit Cycle, sçauoir la troisiesme, sixiesme, neufiesme, vnziesme, quatorziesme, dixseptiesme & dixneufiesme. *C'est à sçauoir pour le present reglement: car à nouueaux reglemens, nouueaux Ambolismes, bien qu'il y en ait 7. tousiours : Mais ils changent de nombre & de mois, les 7. Epactes les plus hautes de chaque reglement demonstrent les ans Ambolismaux d'iceluy. Les Epactes qui signifient Ambolismes sont 12. en tout, sçauoir 19. 20. 21. 22. 23. 24. 25. 26. 27 28. 29. & ✳ : celles du preset reglement sont 19. 21. 23. 24. 26. 27. & 29. qui voudra sçauoir & retenir par cœur les mois de l'Ambolisme aye ce vers en memoire.

Janus Ebur carum, lac gestat ebur-
nea Nais.

Lequel vers a 7. dictions qui demonstrent les sept années Ambolis-
miques d'ordre ; desquels mots chacune premiere lettre montre selon só
ordre en l'alphabet , en quel mois est
l'ambolisme. La seconde (fors au cinquiesme mot la lettre A, finale) montre le iour de la nouuelle Lune, & premiere, selon le mesme ordre. Notez
qu'icy ne faut conter H pour vne lettre. Ce mois Ambolismique engendre deux Lunes , ou bien deux Lunes font ce mois, duquel elles partici-
pent principalemét la derniere, d'autant que la Lune vulgairement est dite du mois auquel elle a pris son origine entiere, Car à propremét parler
elle n'est d'aucú mois puisqu'elle les
engendre aux mois de nombre pair,
comme Auril , Feurier, & autres elle
est de nombre impair, & de nombre
pair és mois impairs selon ce vers an-
tien

De l'ancienne obſeruance de l'Epacte.

ART. XVI.

PAR ce que nous auons dit, il apert aſſez combien rude & mal baſti eſtoit anciennement l'vſage de l'Epacte auſſi bien que des concurétes. On en a vſé par cy deuant en deux façons premier que de venir à ſa perfection, la premiere eſtoit telle qu'elle ſe renpuueloit & commençoit au mois de Septembre, teſmoing ce vieil vers ; *Mars concurentes rénouat September epactas,* Cela procedant encore du vieil temps & des anciens Hebrieux ou Ægyptiens, deſquels eſt emanée premierement cette obſer-

uance d'Epacte , qui commeçoiét
leur années audit mois , & comme
encor ils font:quelle maniere a duré
fort long temps, & tant que l'on cô-
toit encor en cette façon apres l'àn
1536. elle n'estoit pas appelléeEpacte
de l'année en laquelle elle prenoit o-
rigine ains de l'année suiuante , de laquelle elle auoit les deux tiers : Les
regulieres des mois estoient telles,
Septembre & Octobre auoient 5.
Nouembre & Decembre 7. chacun,
Ianuier & Mars 9. Feurier & Auril
10. May 11. Iuin 12. Iuillet 13. Aoust 14.
& ne s'en aydoit on que pour trouuer le quatriesme de laLune eschenat
sur chacun premier iour des mois de
l'an. En apres elle fut commencée au
mois de Mars auec l'an , & fut prise
l'Epacte du mois de Septembre , &
mise audit mois de Mars de la mesme
année , si bien qu'elle seruoit encor

pour le mois de Ianuier & Feurier de l'an subsequent, auant que de mourir. qui pour leur regulieres (continuant le nombre) auoint l'vn 11. & l'autre 12. Cette façon estoit plus polie & facile que la premiere, tant és regulieres des mois comme pour égaler la Lune, non seulement sur chacun premier iour du mois, mais sur tous les iours d'iceluy & de l'année, neantmoins il n'y auoit rien de certain, parce que le nombre d'or & l'Epacte ne s'acordoient pas : ains l'vn montroit la Lune à vn iour & l'autre à vn autre, maintenant à nouuelle année nouuelle epacte, comme toutes autres choses. Aussi que le troisiesme vsage de ladite Epacte qui est au kalendier en vse de cette façon, ayant acouplé les mois de Ianuier & Mars souz la reguliere de 1. chacun, & Feurier & Auril

Auril de 2. Puis y a d'abondant la maniere de trouuer la nouuelle Lune pró-
pte & facile pour euiter le circuit de
l'autre. Si bien que ces deux façons de
trouuer le quantiesme d'icelle , & le
iour de sa natiuité s'aydent & fortifiét
lune l'autre pour cognoistre si on a
bien faict la supputation : car elles se
doiuent raporter sans qu'il y ait iamais
rien à dire pour quelque année que ce
soit aisi qu'auós dit en l'art. 5. de la 3. p.
non qu'il ne puisse aduenir que la Lune soit nouuelle quelquefois, ou au parauant , où apres le iour que l'Epacte
la montre mesme en son premier vsage , mais il n'y a gueres à dire , c'est
tousiours à peu pres.

O

DE SVPRADICTORVM
confirmatione ab exemplis anni
1593.& sequentis Carmen.

Ornigeræ si quando facis cunabu la quæ
rens
Siue dies Lunę cuiusuis mensis &anni
Conferre ad solis tentans tibi tute vi-
deris
Anxius erroris faciundo assuesce pe-
riclo
Huius & illius, maiorem plurima præ-
stant
Tentamenta fidem,& multis quàm cre-
ditur vni
Tutius : vtrouis capies Latoida pacto,
Aut quota sit scrutans aut cæcos ipsiu
ortus.
Hæc sibi Dalmatico quam Lydia saxi
metallo

Alternata fidem facient numeroque coi-
bunt

Alterutrius opus quanquam variabile
fiet.

Forfitàn Octobres fexto vis noffe Kalen-
das

Præfcripto fuerit Triniæ quis vultus in
anno,

Sex & viginti Septembris iunge diebus

Quæ feptem à Luna Septembri regula
dantur,

Terque nouem numerans fummam curren-
tis Epactæ

Adijce, conficies numerum qui bina fo-
lutus

In triginta die dicto Septembris & anno

Cæca pharetratæ præbet natalia nym-
phæ.

At nunc fi quid adhuc animi pendere
videris

Omnimodis tentanda fides, dabit altera
veri   O ij

Norma viam per quam virgo se reddere
    nobis
Molitur speculoque comas à clade refor-
    mat:
Nam si nosse cupis sogrex qua luce niten-
    tes
Expedit ornatus ad nos animata reuerti
Jungantur dictæ Septèm Septembris E
    pactæ,
His simùl insertis tricenis quatuor ex-
    tant
Et si de numero post sex repetente te
    octò
Quatuor abstuleris, tollendum nempè quo
    extat
Ex illo dixi, sex & bis dena supersun
Ilicet exactis totidem Dictynna diebu
Vuiferi mensis nascente recanduit igni:
Attamen ex illis maneat quid mente te
    tentum
Tricenis quod adhuc in multis mensibus
    vnum

Reiscies quandòque sines vt possit haberi

Certa magis nam certa nequit quia nulla
    diebus

Triginta æquatur lunatio quamlibet ingens

Horæ aliquot desunt cum multis partibus
    horæ,

Sic prior acta dies Lunaria secla noua-
    uit.

Nunc animi mens est anni cognosse se-
    quentis

Qua mensis Martem referentis luce re-
    currens

Sumet ab emeritis meritoria tela virago :

Ilicèt annalis geminat qui quatuor in-
    dex

Est mihi præ manibus ceu qui Marpesia
    quadrat

Saxa capit normam vel qui metitur amus-
    sim,

Post modò quod mensi dat menstrua Lu-
    na Quirino

Lunari radio cõiungens amplius vnum

N iij

Ter tria conficio, numero ter septima desunt

Vsque ad ter decimum sic lux ter septima martis

Splendescet posita à Luna velùt angue senecta.

Nunc me scire iuuat quota Luna cadentibus vmbris

Surget & alternis bisidum tentare planetam

Ipso eodemque die, quò verum id nec nè probemus:

Vno & viceno summam duplicantis Epactæ

Quatuor, & verno quæ Marti it coniuga normam

Vnius adijciens vnà tricesima conflo:

Quod posito senio lætam iuuenescere Lunã

Indicat atque nouas summum caput vngere flammas.

QVATRIESME PARTIE
de l'Ephemeride Manuelle traictant de la maniere de chercher les festes mobiles.

ART. I.

APRES auoir entendu les trois precedentes parties, il sera facile d'entendre, & pratiquer la quatriesme, qui concerne la cognoissance des festes mobiles de l'an, qui se fera sur la main ou autrement. Les festes mobiles, sont la Septuagesime, Quadragesime, Pasques, Rogations, Ascensiō, Pentecoste, la Trinité, le Sacre, & l'Aduent. Est à noter que ce qui cause l'instabilité & changement d'icelle est la feste de Pasques, sur laquelle toutes les autres sont reglées deuant & apres:

O iiij

tellement qu'eſtant trouuée, facilemēt
on paruient à la cognoiſſance des autres, procedant ſa mobilité de ce que
l'Egliſe Chreſtienne ne veut celebrer
la dite feſte de Paſques le iour de la
pleine Lune : ains apres iceluy & au
decours pour differer des Iuifs qui la
celebrent le iour de ſa plenitude, &
auſſi que noſtre Seigneur Ieſus-Chriſt
ſouffrit mort & paſſion le iour de la
pleine Lune qui eſt touſiours à peu
pres le iour du Vendredy Sainct, & la
Lune eſt touſiours celle de Mars où
d'Auril : car on a obſerué de tout téps
de côter trois lunaiſons depuis le iour
des Rois ſixieſme de Ianuier, & au troiſieſme Dimanche de la troiſieſme lunaiſon celebrer ladite feſte de Paſques
ſe lon ce diſtique ancien.

Poſt regũ feſtũ nouilania terna petēti,
Terna ſequēs Domini lux tibi Paſcha da-
bit.

Ceste regle n'eſt pas perpetuelé,
car pour le ſçauoir exactement faut
conter exactement quel iour on prẽd
pour la nouuelle Lune autrement on
s'abuſeroit, comme l'an 1590. cette reigle nefut obſeruée. Car la nouuelleLu-
ne ſelon le nõbre d'or 14. de ladite annee eſtoit apres ladite feſte des Rois,
ſçauoir le ſeptieſme, & neantmoins
cette lunaiſon ne fut contée, ains celle
de Feurier, Mars, & Auril.

De la maniere de cognoiſtre les feſtes
mobiles ſur la main.

ART. XIIII.

D'Autant que la feſte de Paſque
eſt la plus celebre & remar-
quable de toutes les feſtes mobiles, à cauſe de ſon ancienneté & des
grands myſteres qu'elle repreſente,

sçauoir la Creation du monde, la de-
liurance du peuple Hebrieu, de la fer-
uitude d'Egypte, la manducation de
l'agneau Paſchal, l'Incarnation du Sauueur du monde, ſa mort & Paſſion, &
en fin ſa glorieuſe Reſurrection. Nous
commancerons par icelle, pour laquelle ſçauoir & cognoiſtre par cœur
& ſur la main quand & à quel iour fut,
ou doit eſtre celebrée cette grande ſo-
lennité, en quelque année que ce ſoit:
Premierement par le vers du nombre
d'or de l'art.5.de la 2.p. faut trouuer le
nóbre d'or, courant en l'année propoſée par l'art.11.en la 2.p. de la diuiſió. Si
autrement on ne le peut ſçauoir l'ayát
trouué, contez les iours du mois de
Mars ſur les ioinctures des doigts, có-
mancant par la premiere du doigt demonſtratif, continuant pareillement
ledit vers ſur icelle, & le commançant
par la ſilábe du reiglement duquel eſt

ladite année sur ladite premiere joincture selõ l'art. 10 de la 2. p. tãt q l'ayez
rancontré, remerquez sur quelle joincture, & le quantiesme il echet, & ce
apres les nones dudit mois, puis contez 14. iours, compris celuy sur lequel
eschet ledit nombre d'or : le Dimanche suiuant qui sera apres l'equinoxe,
vous donnera la feste de Pasques: mais
pour cet effet conuient sçauoir deux
choses, l'vne qu'elle est la lettre Dominicale de ladite année, l'autre le quá-
tiesme dudit mois est ladite lettre. La
premiere se cognoit par l'article 4. en la
nouuelle main : si c'est apres la reformation , si c'est deuant par la vieille
main, où par l'article 12. de la diuision
du Cycle Solaire pour toutes années:
La seconde par l'article 22. & 39. qui
montrent par quelle lettre commence
chacun mois, & qu'elle echet sur chacun iour. Nottez encore que si le der-

nier des 14. iours tombe sur le Dimanche, il faut prendre celuy d'apres. Ceste reigle est generale infalible & perpetuelle qui n'a point esté changée, &
ne changera point pour tous les reglemens : mais bien les Epactes, le Cycle
des lettres Dominicales, & la situation du nombre d'or. Nous auôs am-
plement traité, & donné le moyen de
les remettre à tousiours selon la correction Gregorienne.

ART. XV.

NOvs auons dit que telle recherche du nombre d'or de
l'année proposée, doit estre
apres les nones de Mars, qui est le septiesme iour, parce que si ledit nombre d'or estoit au parauant ou sur

ledit iour il faut quitter le mois de
Mars, & faire l'operation & ses obser-
uances au mois d'Auril. Et pour le regard de conter par la silabe du reglement duquel est ladite année , cela
n'est q̃ pour les ans depuis la correction , car au parauant il n'y a qu'-
vn reglement & assiete du nombre
d'or, commençant selon l'article 46.
Pour exemple, ie veux sçauoir quand
furent celebrées Pasques l'an 1451. Ie
trouue par la diuision art.11.de la p.2.q̃
ladite année estoit la 8.du Cycle lunaire, puis cotant le vers du nombre d'or,
commençant par la silabe *Ter* , sur la
premiere ioincture du doigt demonstratif,où i'ay posé le premier de Mars,
ie récontre le nombre d'or 8. signi-
fié par octo sur la seconde d'apres
l'ongle dudit doigt , qui me montre
le sixiesme dudit mois, & voyant qu'il
est deuant les nones de Mars ie quitte
ledit mois, & viens en Auril sur le cin-

quiefme iour dnquel trouuant ladite
filabe oct.ie conte quatorze iours defquels le dernier efchet fur le dixhui-
tiefme dudit mois, & fçachant la lettre
Dominicale de ladite année par l'article 12. eftre la quatriefme du Cycle folaire qui auoit felon la vieille main de
l'article troifiefme, ce mot, *Cœlum*, qui
montre C, & par l'article trenteneuf,
quelle lettre echet fur chaque iour du
mois, mettant le mois d'Auril fur la
fommité du doigt demonftratif où eft
la lettre G, & contât les iours du mois,
je trouue que le dixhuictiefme a pour
fa lettre C, iour de Dimanche, partât
le Dimanche fuiuant montre la fefté
de Pafque le vingt cinquiefme d'Auril
audit an 1451. & ainfi des autres.

De la fittuation des mois de Mars & Auril fur la main.

ART. II.

ES deux mois Mars & Auril, font les principaux de l'an, pour l'vfage & cognoiffance des feftes mobiles, fpecialement pour la fefte de Pafques, aufquels mois elle eft toufiours en l'vn où en l'autre: tellement qu'ayent principalement affaire d'eux, eft à fçauoir que le mois de Mars imaginé fur la main pour trouuer ladite fefte, doit eftre mis & commancé deuant la correction fur la premiere ioincture du doigt demonftratif, où eft la lettre D, pour cognoiftre les lettres de chaque iour felon l'article trente neuf, auec la filabe *Ter*, du vers du nombre d'or. Et

le mois d'Auril fur la feconde ioincture dudit doigt. Mais depuis & apres la
correction faut mettre & commancer
le mois de Mars, fur la racine & premiere ioincture du poulce, où eſt ſituée cette Epacte * par l'article 14. de
la 3. partie fur le premier & dernier
iour de Mars : Et le mois d'Aauril fur
la premiere joincture du doigt demõ-
ſttatif, où eſt ſituée l'Epacte vingt
neuf. Notez que les mois de Ianuiei
& Mars, ont mefme fituation de nõbre d'or, d'Epacte & de lieu-

*Pour trouuer les feſtes mobiles & de Pa-
ques par la façon & mode nouuelle.*

ART. XVII.

Ncore que nous difions la
nouuelle mode maintenant
de trouuer les feſtes mobiles
de l'an. Cela ne ſe doit entendre pour

la forme & maniere : Car elle n'a
point changé & ne changera point,
ains seulement pour le suject qui a
esté changé & qui changera . La façon precedente est bien facile, specialement iusques à l'an 1582.elle l'est
encore sçachant la regle de la situatió
du nombre d'or, & se peut bien faire
par cœur &sans liure:mais cettecy est
plus difficile & ne se peut pas faire ai-
sémét sans le liure, si ce n'estoit pour
quelques années dót on sceust l'Epacte,encore qu'elle soit toute telle que
l'autre sinon que au lieu du nombre
d'or faut prédre l'Epacte courante en
l'année proposee: pout faire dóques
reigle generale pour toutes années
passées & aduenir depuis l'an 1583.
prenez l'Epacte de l'ánée par le moyé
du nóbre d'or courát audit an l'ayát
trouué, & cogneu son epacte parl'ar-
t:11.& 14.de la 3.p.ouparla table Gre-

P

goriëne voyez sur quel iour de Mars
elle est située apres les Nones dudit
mois, puis contez 14.iours, iceluy có
prins le Dimanche suiuant sera celebrée la solennité de Pasques suyuant
l'anciéne regle & ce vieil distique,

Post Martis Nonas ubi sit noua Luna re
　　quire,

Tertia lux Domini proxima Pascha te
　　net.

　　Mais cette nouuelle Lune s'entend
& se prend du iour de la situation de
l'Epacte que nous auons dit estre le
3. vsage ou bien de l'assiette du nombre d'or & non autrement , nottez
tousiours que si le 14.iour tombe su
vn Dimáche, que celuy d'apres doi
estre prins pour ladite Feste infailli
blement, d'autant que iamais le ter
me & la Feste ne sont celebrés en
semble ny à mesme iour, selon ce
vers anciens.

Dat tibi post numerum Domini lux mobile
  festum.

Si cadat in lucem Domini suppone sequen-
  tem

Terminus & festum nunquam celebrantur
  eodem.

    Et si l'Epacte se trouue deuant les-
dits Nones ou sur icelles, qui est le 7.
de Mars, faut laisser ce mois & prendre celuy d'Auril.

Art. XVIII.

POVR sçauoir l'an 1630.
quand & à quel iour serót
Pasques parce que lad. année est du present regle-
ment: ie prens le nóbre d'or d'icelle
ou par l'art. 11. de la 2. p. de la diuisió
ou bien cótant de la presente année

1605. iufques audit an ayant trouué
16. pour le nôbre d'or, ie cherche fon
Epacte fur le poulce par l'art. 14. de
la 2. p. 11. ou 14. de la 3. p. cômêçât par
la fillabe-*Ta* de ce reglement fur les
iours du mois de Mars, imaginez fur
la main. Ie rencontre *Sexa.* fur la
groffe racine du doigt moyen, où eft
fituée l'Epacte 16. felô l'ar..14. delad. 3.
p. quelle ioincture me môftre quât
& quât le 15 de Mars, & que ladite
Epacte 16. eft fur ledit iour, tellement
que la voyant apres les Nones dudit mois, contant 14. iours, le premier Dimanche apres iceux fera cele-
brèe ladite Fefte: La lettre dominicale & le quantiefme elle eft de Mars,
ie l'aprés parles 4. & 39. art. de la 1. p.
fçauoir audit 15. an du Cycle folaire
eftre F. lettre du dernier iour dudit
mois de Mats, & partant ladite Fefte audit dernier iour.

Antre regle pour trouuer la Feste de Pasques.

ART. XIX

ESTE maniere eſt plus courte & facile que la precedente, & ſe pratique ainſi par le petit nombre d'or. Faites vne aſſiette de ce vers, *Ternus vndin. &c.* commençant ſur le 21. de Mars par la ſylabe *Ter*, puis le couchez tout du lóg iuſques ſur le 18. d'Auril où eſchet la derniere ſilabe *Quat.* auec ſes meſmes obſeruãces qu'aux autres mois, fors pour le mot de ſex. qui n'a point d'&, c'eſt à dire qu'apres le nombre ſix il n'y a point d'eſpace, ains faut mettre 14. immediatement apres. Ou bien faites vne couche du Cycle des Epactes commençant ſur

ledit iour de Mars par l'Epacte 23.
puis 22. 21. en les decontant iusques
sur led.iour d'Auril où escherra la derniere 24. par ce que celle de 25.
est costiere sur les deux dernieres. Ce
fait faut chercher selon la regle susdit
tele nombre d'or de l'année proposée ou l'Epacte de ladite année lequel on voudra en ladite assiette, &
le Dimanche suyuant sera la feste de
Pasques, & si le nombre d'or ou ladite Epacte se trouuent sur vn Dimache, faut prédre celuy de la 8^{NE}.
ensuiuát, laletre dominicale se trouue en sa maniere precedente. Notez
que ceste couche des Epactes, est immuable & perpetuelle, & nõ pas celle du nombre d'or : mais en recom-
pence on ne peut trouuer l'Epacte
que par le moyen du nombre d'or &
iceluy trouué on n'a que faire de l'E-
pacte par cette regle, sont deux re-

cherches pour vne, & le secrét de
perpetuer cete couche dunóbre d'or
est de le cómencer tousiours par la
huictiesme syllabe suyuante celle qui
commence le reglement sur ledit 21.
de Mars quand il y a changement de reiglement , comme le
present reglement du nombre d'or
commence par la sylabe *ta:* la huictiesme sylabe qui est *ter,* monstre le
commencemét de l'assiette de ce petit nóbre d'or, ainsi que nous l'auons
mis en l'ar.11.de la 2.p. és mois de mars
& Auril anciennement & deuant la
reformation, il commenceoit sur le
mesme iour par *sexd. quinque tred.
&c.* iusques à la derniere sylabe de
oct. sur le 18. Auril pour trouuer ladite Feste de toute les années genera-
lement precedentes l'an 1583. Ce qui
est bien à noter pour la facilité , &
pour la recherche de l'antiquité.

P. iiij

ART. XX.

POVR trouuer la feſte de Paſques en l'année que l'ó dira 1700. par ce qu'il y a chágemét ie fais vne nouuelle couche du petit nombre d'or ſur ledit 21 de Mars commençant le vers par la ſylabe *quat-* puis *Ter-nus* &c. D'autát que ladite ſylabe eſt la 8. ſuiuante celle qui commance le reglement qui eſt la premiere de iota. Ce vers a la proprieté eſtant couché ſur le cycle des Epactes de monſtrer celles qui entrent en quartier par les ſylabes qui ſignifient le nombre, & celles qui en ſortét par les ſylabes qui ne ſignifient rien. Eſtant doncques ledit vers couché iuſques ſur le 18.

d'Auril ie cerche le nombre d'or de
l'annee propoſee par la regle ſuſdite,
l'ayant trouué, ſçauoir 10. ſur le 4.
d'Auril où meſme ie trouue ſon Epa-
&te 9, ſans qu'il en ſoit beſoin, ie voy
ſur ledit iour C, lettre dominicale de
ladite année commune par l'art. 4.
eſtant la premiere du cycle ſolaire,
tellement que ſelon la maxime le Dimanche ſuiuant donnera ladite feſte
le 11. d'Auril 1700. & le Dimanche
de Quaſimodo huitieſme apres, puis
ſix ſepmaines apres la feſte de la Pentecoſte. Cette maniere eſt fort commode pour dechiffrer beaucoup d'ã-
nées & tout vn reglement.

Pour trouuer la Septuagesime, &
autres Festes mobiles.

ART. XXI.

LA Septuagesime, est la premiere feste mobile de l'année, ainsi dite à cause de la captiuité des 70. ans du peuple Hebrieu en Babylon, cette feste est la clef de toutes les autres: car icelle trouuée tout le reste s'apprend facilement par les distances des vnes aux autres; Cherchez doncques en Ianuier le nombre d'or de l'année si c'est deuant la reformation ou si c'est apres, cherchez le nombre d'or ou l'Epacte, comme a esté dit pour la feste de Pasques, & ce apres le 7. iour dudit mois, puis contez 10. iours compris celuy de la situation,

le Dimanche suiuant sera ladite feste,
ou bien par le petit nombre d'or qui
est situé pour cet effect sur le 17. Ianuier commenceant par *sexd.* & maintenant par *Ter*, comme nous auons
dit cy dessus tout ainsi & de la maniere & auecq les mesmes regles que
pour la feste de Pasques tant pour le
regard du terme que pour la lettre
dominicale, ayant le mois de Ianuier
pareille situation d'Epacte & de nóbre d'or & de lieu sur la main que le
mois de Mars. Le Dimanche suiuant
est appellé Sexagesime, celuy d'a-
prés Quinquagesime, & le Mercredy suiuant est tousiours le Mercredy
des Cendres, puis la Quadragesime
premier Dimanche de Karesme en
la seconde lunaison contant deux
iours depuis icelle. La 3. lunaison est
pour la celebration de Pasques, &
pour les Rogations faut conter 20.

iours de la 4. lunaison: exemple pour
sçauoir à quel iour sera la Septuagesime l'an 1612. Ie cherche le nombre
d'or 17. pour ladite année apres le 17.
de Ianuier, & l'aiant trouué sur le 3.
de Feurier ie conte les dix iours com-
mençans sur ledit 3. desquels ie trouue le dernier cheoir sur le 12. de Feurier iour de Dimanche A, premiere
letre dominicale de ladite année, partant ie prens le subsequent, & ladite
feste le 19, dudit mois de Feurier. Et
par le petit nobre ie trouue 17. vis à
vis du 12. de Feurier, donc le Dimanche suiuant 19. dudit mois est ladite
Septuagesime; entre laquelle excluse
& la feste de Pasques tousiours y a
huict Dimanches coplets, sans com-
prendre ni l'vn ni l'autre.

Pour trouuer lefdites feftes mobiles par le premier vfaige de l'Epacte.

Art. XXII.

Ncore que le premier vfage de l'Epacte foit principalement dedié à trouuer les nouuelles lunes & iours d'icelle exactement, neátmoins il peut feruir auffi à trouuer les feftes mobiles en cefte façon : Trouuez la nouuelle lune du mois de Mars par le moyē fufdit de l'Epacte del'anneé & de fa reguliere apres le 5. iour dudit mois, puis contez ce vers de fylabe en fylabe.

Salue ô fancta parens enixa puerpera regem.

Sur les iours de Mars ou Auril compris celuy auquel la lune eft nouuel-

le le Dimâche apres le iour sur lequel
eschet la derniere sylabe de ce vers eschet la feste de Pasques, cete regle depuis la reformation est plus certaine
qn'auparauât parce que le nôbre d'or
lors ne monstroit que la cinq ou 6.
lune. Depuis laquelle feste contant
vingt iours commencez sur la situation du nombre d'or ou de l'Epacte
courante en l'année vous aurez la
feste des Rogations le Dimanche suiuant, & en icelle sepmaine le Ieudy
tousiours la feste de l'Ascension, & le
Dimanche de la Trinité, apres la Pê-
tecoste, puis le Ieudy suiuant la feste du sainct Sacrement de l'Autel.

Autre maniere de trouuer les festes
mobiles par les clefs.

ART. XXIII.

ES festes mobiles se trouuent encore facilemẽt par
les clefs que l'on compo-
se en chacune année du
cycle lunaire sur les doigts de la main
au moyen de certain nombre attribué à chacun doigt de la main & du
nombre d'or de l'année, & y en y a
autant que d'années dudit cycle, &
ont leur tour l'vne apres l'autre & se
forment des le mois de Ianuier auec
le nombre d'or selon ce vers ancien.
Aureus in Jano Claues & festa uouan-
tur.

Pour entendre donques & former
la clef de chacune année à fin de

trouuer lefdites feftes conuient fçauoir que c'eft vn nombre imaginé
qui va depuis 11. inclus iufqués à 40.
exclus, ne pouuant eftre aucune clef
plus petite que onze, ny plus grande
que trenteneuf : Mais premier que
monftrer la façon d'icelles faut cognoiftre leurs barres depuis vn bout
iufques à l'autre & le lieu de leur fituation & principe encore qu'elle ne
foit pas maintenât én grãd vfage, par
ce qu'elles font téporelles à prefét &
chãgeãtes à chacúreglemét, cequ'elles n'eftoient pas anciennement. La
fituation de la clef de la Septuagefime commence fur le premier G, de
Ianuier qui eft le 7. iour: Celle de la
Quadragefime fur le dernier G, dudit mois fçauoir le 27. Celle de Pafques fur le deuxiefme G, de Mars fçauoir l'onziefme iour; Celle des Rogations fur le 3. G, d'Auril fçauoir le

15.

15. & la clef de la Pentecoſte commence ſur le dernier G, dudit mois
d'Auril qui eſt le vingtneuſiesme
iour,

Pour former les clefs.

ART. XXIV.

QVI voudra s'amuſer à former les clefs deſdites feſte
doit imaginer & aſſeoir 32
ſur le poulce ſur le doigt
demóſtratif 20. ſur le moyé 8. ſur celuy d'apres 26. & ſur le petit 14. Ces nombres ainſi atribués faut conter le nombre d'or iuſques à 19. par ordre ſur chacun doigt commençant 1. ſur le poulce touſiours le nombre du doigt ioinct auec le nombre d'or qui y eſchet fait la clef pour l'année dudit nombre d'or en cette façon, c'eſt

Q

que ces deux nombres ioints enfemble font ou au deffoubs de 40. ou au
deffus s'il eft au deffous (car quarante
ne doit eftre) la clef eft formee & ne
faut que conter ce nombre depuis la
premiere fituation pofée en l'article
precedent de la feſte recherchée , &
l'ayant tiré tout du long le premier
Dimanche apres comme aux autres
regles mõftre ladite feſte comme en
la prefente année 1605. le nombre
d'or 10. ioinct auec le nombre attribué 14. au petit doigt faict 24. qui a
efté la clef de ladite année, fi les deux
nombres font au deffus de 40. faut
en ofter 30. & ce qui refte c'eſt la clef
felon ces vers anciens.

Clauis ab vndenis ad quadraginta refer-
        tur

Si quadraginta fuperent triginta moueto,
Eſt numerus clauis illud tibi quod rema-
        nebit.

Comme l'année fuiuante 11. qu'il
y aura du nombre d'or fe rencontrât
fur le poulce auec 32. font 43. defquels oftez 30. il refte 13. pour la clef
de l'année 1606. auec laquelle contât
côme dit a efté on peut trouuer toutes les feftes mobiles de ladite année,
pour la Septuagefime commençant
fur le 7. de Ianuier, pour Pafques fur
l'ôziefme de Mars, & pour la Pente-
cofte fur le 29. d'Auril, ainfi des autres. Notèz que le nombre d'or 14.
ioint auec 26. ne doit eftre conré que
pour 39. qui eft la derniere & la plus
haute clef de toutes, & aduenant que
le dernier tombe fur le Dimanche
faut prendre celuy de huictaine
apres.

Q ij

De la maniere de faire les clefs.

ART. XXV.

ESTE façon de clefs ne feruira que tant que ce reglement durera, mais la maniere de les former durera toufiours & en tous changemés changeant le nombre attribué aux doigts comme au prochain qui fera eu l'an 1700. faudra augméter chacú nombre d'vn, fçauoir .33. 21.9.27.& 15. par le moyen defquelles fe trouueront lefdites feftes iufques à l'an 1900 anciénement deuant la correction pour former ces 19 clefs on attribuoit aux cinq doigts 25. au poulce, au fuiuant 13. au doigt du milieu 31. puis 19. & 7. au dernier, quelles clefs ont duré 1582. ans.

De la cinquiesme & derniere maniere de cognoistre les festes mobiles.

ART. XXVI.

LA Septuagesi[me] est la premiere de toutes les festes mobiles de l'ánée, laquelle estant trouuée donne à cognoistre toutes les autres par l'interuale & distance qui est reglée depuis l'vne iusques à l'autre, ainsi que dit a esté, pour donques trouuer ladite feste de Septuagesime on peut vser de ceste oraison en latin.

   1   2   3   4   5   6
Æterne Pater qui populi huius delicta
  7   8   9   10   11   12   13
pœnis quas patitur æquas huic gratiæ bonus
  14   15   16   17   18   19
ædifica munera læta denique Cælos dona.

Q iij

Ceste oraiſon côtient dixneuf mots,
autant que d'années au Cycle lunaire
donnant 1. au premier mot, au ſecôd
2. & au troiſieſme 3. & ainſi conſecutiuement chacun nombre a ſon mot
iuſques au der[...], & autant de lettres qu'il y [...] en chacun d'iceux autât
y a il de ſepmaines depuis la feſte de
Noel iuſques à ladite Septuageſime,
les diphtongues ſont contées pour
deux lettres, comme en celle année
1605. nous auons eu ce mot *æquas*, qui
monſtre qu'il y a eu ſix ſepmaines depuis le premier Dimanche apres la
feſte de Noel iuſques à la Septuageſime, & pour l'année ſuiuante 1606. y
aura ce mot, *huic*, qui monſtre quatre ſepmaines complettes depuis le
iour de Noel par ce qu'il eſt ceſte année le Dimanche, autrement faut
touſiours conter le premier iour de
la premiere ſepmaine ſur le premier

Dimanche d'apres sinon vne petite
exception contre ceste regle. C'est
qu'il y a certains mots en cette oraison ausquels si le premier Dimanche
apres Noel est apres le vinthuictiesme
iour de Decembre il faut conter sur
iceluy vne sepmaine entiere & passee
sinon faut conter comme aux autres
sans obmettre lettes aucunes. Ces
mots sont merquez ou par diphtongues ou par aspiratió H. nous auons
redigé cela en cette façon affin de ne
conter plus les interuales outre les
sepmaines comme ils faisoient anciē-
nement par vne autre oraison qui
estoit: *Domine Deus infunde nobis do-*
na gratiæ beati Apostoli Jacobi piis meri-
tis repletus famulos bonis qui subdis colla
Gentium: Mais d'autant que cecy doit
changer celle que nous auons mise
cy dessus pourra seruir en cette façon
au prochain reglement. *Infunde pater*

Deus gratiam huius meritis populi quem
noxarum tædet huic gratiæ magnæ ede
munera læta proſtremò cælos dona.

contant exactement les ſepmaines
vous aurez iour pour iour le Dimanche de la Septuagſime.

Des Barrieres des feſtes mobiles.

ART. XXVII.

LA feſté de Paſques ne peut
eſtre celebrée pluſtoſt que
le vingtdeuxieſme iour de
Mars lendemain de l'equinoxe, ny
plus tard que le 25. Auril iour Sainct
Marc ce qui a eſté obſeruè de tout
temps par ce prouerbe, Benoiſt &
Marc tiennent Paſques en parc, elle
ne peut eſtre ledit iour de Sainct Benoiſt, mais bien de Sainct Marc ſeló
ces vers.

Paschane c Aprilis vndenas ante kalen-
das,
Nec post septenas Maij valet esse Ka-
lendas.

Quand nous auons pour epacte 23. ou 3. de nombre d'or & pour lettre dominicale D, ladite feste de Pasques est celebrée au premiet degré qui est le 22. Mars Septuagesime lo 18. Ianuier , Quadragesime le 8. Feurier: les Rogations le 26. Auril , & l'Ascensió le dernier iour dudit mois: la Pentecoste le 10. iour de May , la Trinité le 17. & le iour du Sainct Sacrement le 21. dudit mois de may.

Quand nous auons pour Epacte 24. & pour lettre dominicale C, la feste de Pasques est celebree le dernier degré sçauoir le 25. Auril , Septuagesime le 21. Feurier: le iour des Cendres le 10. Mars: les Rogations le dernier iour de May: l'Ascensió le 3. de Iuin.

la Pentecoſte le 13. de Iuin: la Trinité
le 20. & le iour du S. Sacrement le 24.
dudit mois feſte de ſainct Iean Bapti-
ſte, ce qui ne ſe voit gueres. cela c'eſt
veu l'an 1451. & depuis n'a point
eſté que l'an 1546. & ne ſera plus toſt
qu'en l'année que, l'on contera l'an
1666 en laquelle Paſques ſeront le 25.
d'Auril.

Primo Paſcha loco vigeſima tertia cum
D.

    Supremo cum C, *præbet Epacta prior.*
Auſquelles Epactes 24. & 23. ſe refe-
rent le nombre d'or 3. & 14, tellemét
qu'à ce propos on peut dire cet autre
diſtique,

Paſcha in carceribus numerus dat tertius
    & D,

    Inmeta cum C, *poſt duodena duo.*
Anciennement c'eſtoient les nombres 16. & 8. auec les meſmes lettres
qui les donnoient ſçauoir 16. auec D,

au premier 8. auec C, au dernier auſſi
ils diſoient à ce propos ces vieux
vers.

Mobilis alta dies C, currens aureus octo
Sexdeno cum D, non inferior valet eſſe
Non erit in mundo dicens ſimilis ſimul
octo.

Par ce que cela n'aduient point ou
bien rarement à vn homme de voir
deux fois ces feſtes eſdits lieux au 22.
Mars, & 25 Auril, encore que nous
les auons veus deux fois ledit ¦22.
Mars, ſçauoir des annees 1573. &
1598. mais ce a eſté à cauſe du changemét, & de la correctió interuenue
entre les deux annees & ne ſeront
point pluſtoſt audit lieu que l'année
que l'on dira 1693. Au prochain reglement l'Epacte 23. & le nóbre d'or 14.
mettront leſdites feſtes au premier
lieu, & l'Epacte 25. ioincté au nombre d'or 6. au dernier auec les meſ-

Pour trouuer la feſte de l'Aduent.

ART. XXVIII.

L E Dimanche de l'Aduent eſt la derniere feſte mobile de l'ânée, & pour la trouuer faut cercher le 26. iour de Nouembre, & le Dimanche ſuiuant ſera le premier de l'Aduent, & ſi ledit 26. iour eſtoit vn Dimanche, en celuy d'apres ſera celebree ladite feſte: ou bien par autre moien le prochain Dimanche deuant ou apres la feſte de ſainct André. Somme que cette feſte mobile n'a que huict iours à changer, ſçauoir d epuis ledit 26. iour auquel elle ne peut eſtre celebree iuſques au 3. de Decembre qui eſt ſon dernier iour, & le plus reculé.

De l'indiction Romaine.

ART. XXIX.

INDICTION est vn nó-bre depuis vn iusques à *15*, obserué premieremēt par les Romains, & encores maintenant apposé en tous cōtracts, prouisions, actes & bulles, sur peine de nullité en memoire des anciens Romains, & se renouuelloit tous les ans au premier iour d'Octobre ou le 24, iour de Septembre au second E-quinoxe: Car elle est dite *ab indicando* par ce qu'elle monstroit le iour de l'e-quinoxe, auquel temps de cinq en cinq ans qu'ils appelloient *lustrum*, on leur apportoit de l'or ou de l'ar-gent ou autre metal vne fois, ou du

fer, ou de la terre du pays qui leur estoit subiet en signe de recognoissan-
ce de leur seigneurie. Ce nombre dóc
finit à 15. puis il recómence & se trouue diuisant les ans de nostre Seigneur
par 15. adioustant 3. sur le tout , d'autant que c'estoit la troisiesme à la Natiuité de Iesus Christ , & pour cette
année 1605. 3.

CINQVIESME ET

*dorniere partie de l'Ephemeride Ma-
nuelle traictant des 4. saisons & certains iours, de l'année.*

ART. I.

LES mois sont cósiderez
artificiels & inegaux ou
naturels & esgaux, ceux
qui sont artificiels sont les
mois de l'an; car les vns ont trente vn

iour. autres 30. & 28. ou 29. ainſi que
ils ſont marquez au Kalēdier, & partant inegaux. Le mois naturel c'eſt la
douzieſme partie de la courſe annuelle du Soleil, dont les douze font
le tout, & contient egalement trente
iours dix heures & 29. minutes, leſquels multipliez par douze font iuſtement trois cens ſoixāte cinq iours
cinq heures & quarante huict minutes, mais auant la reformation on luy
donnoit douze minutes dauantage,
qui en cinq ans font vne heure, & en
quarante ans l'an eſtoit trop long de
huict heures & en ſix vingts ans d'vn
iour, de mode qu'en douze cens ans
il auoit gaigné dix iours & plus, & à
la longue au lieu que la feſte de Noel
commence l'Hyuer, elle euſt com-
mãcé le Printemps: ſçauoir le vingt-
cinquieſme iour de Mars, puis auecq
encore autant d'années elle euſt cō-

mancé l'esté au lieu de la sainct Iean
qui eust en sa place commance l'Hyuer : pour à quoy obuier il ne failloit
du cõmencement que de six vingts
ans en six vingts ans faire vne année
commune au lieu d'vne Bissextile :
ainsi qu'à esté arresté par le Kalẽdier
Gregorien vray est que c'est de cent
en cent ans, & retenant la quatre cẽ-
tiesme année Bissextille.

Des quatre saisons de l'année.

ART.   II.

ES douze mois sont diui-
sez en quatre saisons, sçauoir Printemps, Esté, Au-
tomne & Hyuer, ayant chacuue d'i-
celle trois mois. La premiere saison
qui est le Printemps ou prime vere
commance

commance le 21. iour de Mars le Soleil entrant au Belier iour de l'Equinoxe: L'esté commance le 22. de Iuin
le Soleil entrant au signe de l'escreuice en laquelle saison sont les iours ca-
niculaires qui cómancent apres que
le Soleil est entré au Lió, ainsi nommez à cause de la canicule qui accó-
pagne le Soleil enuiron le 26. de Iuillet l'espace de 40. iours & redouble
ses ardeurs en recópense dequoy aussi & pour temperer la chaleur qui seroit excessiue se leuent les vents Se-
ptentrionaux nommez Etesies. L'Automne commance enuiron le 24. de
Septembre le Soleil entrant en la Balance, autre equinoxe: L'Hyuer có-
mance le 23. de Decembre le Soleil
entrant en la Chéure, à quel propos
des quatre saisons Lucrece dit ainsi
en son liure cinquiesme *de rerum nat.*

R

Ephemeride

It ver & Venus & veneris prænuntius
   ante
Pennatus graditur, Zephyrus vestigia
   propter,
Flora quibus mater præspargens ante viai
Cuncta coloribus egregiis & odoribus op-
   plet.
Inde loci sequitur calor aridus, & comes
   vnà
Puluerulenta Ceres & Etesia flabra A-
   quilonum.
Inde Automnus adit, graditur simul Eu-
   hyus Euan.
Inde aliæ tempestates ventique sequuntur
Altitonans Vulturnus & Auster fulmi-
   ne pollens.
Tandem bruma niues affert, pigrumque ri-
   gorem
Reddit, hyems sequitur crepitans accen-
   tibus algi.

Des quatre temps.

ART. III.

ACauſe que nous auós par-
lé des quatre ſaiſons de l'ã
il faut faire mention des
quatre téps qui ſont iours
de ieuſnes , inſtituez par l'Egliſe
Chreſtienne ſelon leſdits quatre ſaiſons de l'année & ſont rouſiours có-
mãdez & obſeruez le Mercredy prochain, Vendredy & Samedy apres la
feſte de Pentecoſte, de ſainᢗe Croix
en Septembre, 14. dudit mois, de S.
Luce 13. de Decembre , & des Cendres pour leſquels mieux retenir ils
diſoient anciennement.
Poſt Pen.Cru.Lu. Ci.ſunt tempora qua-
tuor anni.

R ij

Le Soleil en ſa courſe annuelle a
quatre principaux poinɔ̃s qui mer-
quent les quatre ſaiſons: ſçauoir les
deux equinoxes & les deux ſolſtices
ou tropiques. Le premier equinoxe
eſt lors qu'il entre en Aries , auquel
le Soleil eſt au milieu de ſon aſcendât
partiſſant iuſtement le globe terre-
ſtre par le milieu; ſi bien que vniuer-
ſellement les iours ſont egaux à la
nuit, & la nuit au iour, & à ceux qui
ſont directement ſous les poles il ſe
monſtre miparti durant 24. heures.
Le ſecond poinct eſt quant il fait ſõ
entrée au ſigne de Cancer tirant du
Midy au Pole Artique, lors il eſt au
plus haut degré de ſon aſcendant &
nous faict le ſolſtice eſtiual enuiron
le 22. de Iuin qui nous eſt le plus
grád iour de l'année & le plus court
pour nos antipodes : Car de là il va
reculant & abeſſant vers l'Equateur,

Le 3. eſt quand il eſt audit Equateur il partit pour la ſecõde fois vni-
uerſellement ainſi qu'au premier le
iour de lumiere & tenebres entrant
en la Baláce ſur la fin de Septembre:
de là en auant la lumiere diminue, &
les tenebres s'augmentent de plus en
plus. En l'autre equinoxe il eſt au milieu de ſon aſcendant, en cetuy au
milieu de la deſcente tirant vers le
Pole Antartique. Le dernier poinct
eſt quand il entre au tropique du Ca-
pricorne, lors il eſt au plus bas de ſa
deſcente nous faiſant le plus court
iour de l'année en ce Pole le 22. Decembre, & le plus grand pour l'Antartique, & de là il commence à remonter vers le Midy ou equateur,
& les tenebres à diminuer & les iours
c'eſt à dire la lumiere à croiſtre iuſques à ce qu'il reuienne en Aries, n'a-
yant autre courſe ny barriere que du

R iii

Midy au Nord & du Nord au Midy,
Lucrece *lib. 5. de re. nat.*

Consequa natura est iam rerum ex ordine
    certo
Crescere Itemque dies licet & tabescere
    noctes
Et minui luces cū sumāt augmina noctes
Aut quia Sol idem sub terras atque super-
    ne
Imparibus currens amphractibus ætheris
    oras
Partit, & in partes non æquas diuidit or-
    bem
Et quod ab alterutra detraxit parte repo-
    nit,
Eius in aduersa tanto plus parte relatus
Donec ad id signū Cœli peruenit vbi anni
Nodus nocturnas exæquat lucib⁹ vmbras:
Nam medio cursu flatus Aquilonis & Au-
    stri
Destinat æquato Cœli discrimine metas.

De certains iours de l'an.

ART. IIII.

Lest defendu par le Concile de Trente de celebrer nopces & mariages, depuis le premier Dimanche de l'Aduent iusques aux octaues de l'Epiphanie ou des Roys · & depuis la Septuagesime iusques apres la feste de Quasimodo sans cógé du Prelat. Ils mettoient anciennement aussi depuis les Rogations iusques à la Trinité, disans,

Aduentus differt sponsos, Hylaris quoque confert

Septuagena negat, Paschæ lux nona relaxat

Letania prohibet, sed trinũ numẽ adunat.

Ils diſoient pareillemēt que ſelon
la iournée du 25. Ianuier iour de la
conuerſion ſainct Paul on pouuoit
cognoiſtre & aſſeoir iugement ſur
quelques euenemens, bōté ou mau-
uaiſtié de l'année, commeſi la iournée eſtoit belle & claire que l'année
ſeroit bonne: ſi neigeuſe ou pluuieu-
ſe, qu'elle denotoit cherté: ſi elle eſtoit venteuſe, guerres & ſeditions : ſi
couuerte & obſcure mortalité aux
hommes & animaux, diſans.

Clara dies Pauli bona tempora denotat
    anni
Si nix aut pluuia deſignat tempora chara:
Si fuerint, venti deſignat prælia genti
Si fuerint nebulæ percunt animalia quæ-
    que.

Pareillement ils remerquoiét que
ſi la iournée de ſainct Vincent 22. dudit mois, eſtoit lumineuſe & le Soleil
rayonnant la vendange ſeroit bonne

& abondante, fignifiant cela par ces
vieux vers.

Vincenti fefto fi Sol radiat memor efto
Vt modios facias quoniam vitis dabit
    vuas.

  Et fi la iournée de la Purificatió de
la Vierge eftoit pluuieufe & humide
que l'Hyuer eftoit proche de fa fin,
au contraire s'il faifoit vn temps fec
& couuert par fois le Soleil nous flat-
tant de fes rayons que l'Hyuer conti-
nueroit encore difans.

Si pluat in fefto Candelæ, certior efto
  Ceffat Hyems, fi non ponere feria fine.

   Au lieu defquels & fur le mefme
fujet nous auons mis ces autres vers
fuiuans pour auoir efgard aufdites
iournées qui voudra ou feló quelǭs
vns dix iours apres à caufe du retrã-
chement, i'eftimerois pluftoft qu'il
les auroit remifes que defuoyées &
que la longueur du temps depuis

auoir esté lesdites regles faites les a-
uoir disloquees.

Lumine si læto perfuderit Æthereus Sol
   Vincenti lucem dolia multa para:
Nam premet ingentes Campanus vinitor
   vuas
   Et musti affatim præla Falerna dabunt.
Luce serenata Pauli conuersio fulgens
   Tempora Iucunda fertilitate beat.
Si facie tristi (et) nebulosa offunditur vm-
   bra
   Heu pecora atque homines interitura
   docet.
Si niue Bistonia cadens aut imbribus atris
   Vda, tibi frugum charus aceruus erit.
Sibilat horrisono strides Aquilone procella,
   Arma fremunt gentes arma parant et
   equos.
Purificate die si fundat Aquarius imbrem
   Purpureos flores collige, cessit Hyems.
Sin radias Tita grauibus trasluceat auris
   Ligna para, quoniã frigora dura parat.

Des iours Ægyptiaques.

ART. V.

IL y a plusieurs autres petites obseruáces que no⁹ passerons sous silence, comme inutiles de peur d'ennuyer le Lecteur, sinon que nous mettrons encor icy les iours Ægyptiaques ainsi que les auons trouuéz au vieil compost sans superstió, toutefois & à la charge que le lecteur n'é prendra aucun scrupule: car tous les iours sont bons à l homme de bien, & mauuais au mechát, ce sont iours qu'ils disent malheureux esquels il ne faut rié entreprédre d'extraordinaire qui ne veut que tout reussisse à mal soit pour celuy qui tombera malade

ou qui naiſtra l'vn de ces iours, ou
ſe fera ſeigner, ou autres entrepriſes,
ce qui ne peut pas eſtre certain à cauſe que les iours changent de nom &
de planettes , & que ſur vn mauuais
iour la Lune y en peut apporter vn
bon & vn bon ſigne. Ces iours ſont
nómez Ægyptiaques, parce que les
Ægyptiens infiniment ſuperſtitieux
les ont obſeruez les premiers pour
pluſieurs malheurs & encóbres qui
leur ſont aduenus ces iours là, nom-
mémét à la ſortie du peuple de Dieu
hors de leur pays ſous le Roy Pharaó.
pour cognoiſtre ces iours les anciens
retenoient ces deux vers.

Augurio decies audito lumine clangor.
Linquit olens abies colit , & colus eſcula
      Gallus.

En ces deux vers y a douze mots
autant que de mois en l'an , chacun
mot repreſentant ſon mois, en chacú

defdits mots il n'y a que deux fylabes qui feruent, pour monftrer les iours dangereux des mois, la premiere & la deuxiefme l'yne pour le bout d'enhaut, l'autre pour le bout d'enbas: la premiere lettre de chacune defdites fylabes felon fon ordre en l'alphabet monftre le quantiefme eft ce iour: comme ce mot *Augurio* fert pour Ianuier, la premiere lettre de la premiere fylabe c'eft A, & la premiere en l'alphabet, qui monftre que le premier iour dudit mois eft dangereux: la premiere lettre de la feconde fylabe eft G, lettre feptiefme de l'alphabet qui môftre que le 7. iour du bout d'enbas eft auffi de ce nombre c'eft le 25. de Ianuier, & ainfi confequemment ce mot *Decies* pour Feurier qui monftre le 4. & 26. Nottez icy que h, n'eft point contée pour lettre côme ce mot *olens*, qui eft pour Iuillet,

monſtre le 13. & 22. dudit mois Dauantage il y a auſſi outre ce deux autres vers pour cognoiſtre les heures
eſdits iours eſquelles ariuerent ces
playes aux Ægyptiens, diſans les anciens.

Mamphalus illud habet armatus filia fi-
dus

Minus agit ſedes eliſos Zephyrus auf-
fert.

Quels vers conti ennét auſſi douze mots, ſeruant chacun mot pour
les deux iours Ægiptiaques cy deſſus
notez en chacū mois par la premiere
& deuxieſme ſylabe la premiere lettre deſquelles ſeló l'ordre de l'alphabet monſtre l'heure du iour contant
icy h, pour vne lettre. Tellemét que
pour le premier iour de Ianuier M,
premiere letre de ce mot *Mamphalus*
monſtre la 12. heure du iour & pour
le 25. dudit mois la lettte P, premiere

de la feconde fylabe monftre la 15.
ainfi de tous les 12. autres feruās chacū mot pour chacun mois. Et pour
l'étiere intelligēcè defdites heures có.
uient fçauoir ce qu'auons dit art. 25.
de la 1. part. que les Ægyptiens con-
toient, comme encores ils font leur
iour de 24. heures le commençant &
finiffant d'vn coucherdu Soleil à l'autre, fi bien que leurs iours ne croifsét
ny ne diminuent gueres comme de
trois heurés ou enuiron. La 12. heure
reuiét à noftre fupputatió à cinqheu
res du matin aux cours iours, & à fix
heures du matin ordinairement,ou à
fept au plus, & la 15. à neuf heures du
matin,il y a auffi les iours Alcyoniens
enuiron quinze iours deuant la bru-
me, qui eft le plus court iour de l'an.
pendant lefquels il n'y a point de té-
pefte ny orage fur la mer, & eft fort
calme , & font ainfino mmez d'vn

petit oiseau nommé Alcyone qui
pendāt ledit temps fait son nid & es-
clot ces perits sur la mer, voyez Oui-
de en ses Metam. li. 11.

Pour sçauoir quelle planette domine à
chaque heure du iour.

ART. VI.

POVR cognoistre quelles
planettes dominēt ès heu
res du iour & de nuit, &
sauoir quelles sont les bónes ou mauuaises heures. Nottez que
les sept planettes dominent d'heure à
autre selon leur ordre art. 24. de la 1.
part. les heures esquelles dominent
les bonnes sont dites bónes, & celles
esquelles dominent les mauuaises,
mauuaises: Car de soy elles sont indi-
ferentes,

ferétes & pourvenir à noſtre but no⁹
n'auõs ꝗ faire icy des heures egales
qui ſunt heures d'orlóges la 24. part.
d'ũ iour, parce que la dominatió ne ſe
peut a prédre par icelles ains ſeulemét
par les heures inegales tant de iour
que de nuit qui ſe trouuent ſur l'A-
ſtrolabe ou par cette maniere, diuí-
ſez le iour ſoit grand ou petit depuis
le leuer du Soleil iuſques à Midy en
ſix parties eſgales & donnez la premiere à la planette qui commance &
nomme le iour puis chacune à chacune planette d'ordre tant que la ſixieſme vienne à midy touſiours & en
faites autant depuis midy iuſques au
coucher du Soleil donnant à chaque
planette contee d'ordre vne partie
vous aurez ce faiſant la planette de
l'heure recherchée cela eſt pour les
heures de iour. Et pour celles de nuit
faites en autant, diuiſant la nuit, ſoit

S

grãde ou petite depuis le coucher du
Soleil iufques à minuit en fix parties efgales contant à chacune fa planette, fi bien que la fixiefme reuienne toufiours à minuit & ainfi depuis
minuit iufques au leuer du Soleil cõme aux autres.

Des iours lunaires.
Art. VII.

HACVN quadre de la Lune
a quelque puiffance fur les
beftes, arbres, fruicts, poiffons & planettes cõme auf-
fi chacun iour d'icelle fur la difpofition de l'homme , tant à caufe d'elle que du figne auquel elle eft dequoy nous auons ja fait mention: les
iours font tels.

Le premier iour en fin eft bõ pour
le malade qui fera tombé de ce iour là

& auſſi pour l'enfant né audit iour
de longue vie.

Le 2. bon & heureux pour voya-
ger, labourer, planter, baſtir iardiner
& obtenir ſa demande, larcin deſcou-
uert, bon pour le malade, l'enfant né
de ce iour ſera grand de taille ſonge
de nul effect.

Le 3. Malheureux, l'enfant de longue
vie, dangereux pour le malade, ſonge de nul effect, le larcin ſelō le ſigne
bō ou mauuais où eſt la Lune: voiez
le 9. chap. de la maiſon ruſtique.

Le 4. dangereux pour le malade, bon
pour le ſonge, mauuais pour l'enfant
ſpecialement ſi le ſigne eſt mauuais
le denotant traiſtre, bon pour commancer quelque œuure principalement ſur l'eau.

Le 5. mauuais & malheureux pour
la fuite, pour le malade pour le larcin
pour les ſonges ils aduiendront pluſ.

toſt mauuais que bons l'enfant ne viura guere, & en ſomme *quintam fuge*
Pallidus Orcus, Eeumenideſque ſatæ, &c.

Le 6. bon pour la chaſſe, pour le
larcin, pour l'enfant & pour le malade pour les ſonges ſelon le ſigne bó
ou mauuais indifferent.

Le 7. bon pour ſaigner ſi le ſigne y
eſt propre bó pour le larcin, & mauuais pour le larró, le ſonge certain &
veritable, l'enfant de longue vie bon
pour achepter & nourrir toutes ſor-
tes de beſtes la maladie ſe iugera ſeló
le 7. iour.

Le 8. bon heur au voyageur lan-
gueur au malade, verité au ſonge, bó
& heureux à l'enfant mauuais pour
le larcin.

Le 9. indifferent, le ſonge aduien-
dra, le malade dans huiĉt iours s'il ne
meurt guarira & languira, l'enfãt ſera
de longue vie, bon pour fuir, le lar-

cin ne se trouuera Virg. au 1. li. des
Georg.

Noua fugæ melior contraria furtis.

Le 10. bõ pour toutes bónes affaires
commencées ce dit iour songe de nul
effect , grand danger au malade
dans dix iours, la tribulation briefue
le larciu selon le signe, l'enfant né ce
iour voyagera.

L'onziesme bon & heureux pour
changer de maison pour le songe bõ
& ioyeux , pour le malade qui lãguira quelque temps, bon pour l'enfant
dénotant bon esprir habile & de lõgue vie , bon pour les choses perdues.

Le douziesme fort dangereux pour
toutes œuures , le malade en danger
dans 12 iours, l'enfant sera bigot , le
larcin selon le signe, le songe vray s'il
est manuais specialement la Lune
estant en vn mauuais signe.

S iij

Le 13. mauuais pour commancer quelque œuure, le malade fera en lã, gueur, les fonges acomplis dãs neuf iours, l'enfant né audit iour fera de longue vie mauuais pour le larcin.

Le 14. bon & heureux pour le malade, pour l'enfant, les fonges feront en fufpẽs, le larcin viendra à cognoif-fance.

Le 15. indifferent, le malade ne mourra pas de fa maladie, le fonge vray & acccmply dans dix iours, l'é-fant fubiet à venus.

Le 16. bon achepter cheuaux, les dompter, & les bœufs & autres be-ftail, toutefois le Poëte latin l'attri-bue au 17. le malade en danger de mórts'il ne chãge d'air ou de maifon, le fonge reuffira, l'enfant ne viura ló-guemẽt, le larcin ne fera trouué mais defcouuert.

Le 17. bon & heureux à l'enfant

mauuais au malade auquel les Mede-
cins ne ſeruiront, ſonge vray dans 3.
iours le larcin ſelon le ſigne, Virg. au
1, de ſes Georg. ledit heureux à re-
muer la terre, planter vignes, dom-
ter bœufs & cheuaux, à accommo-
der le fil de la trame à faire de la toille
diſant,

Septima poſt decimam fœlix (t) ponere vi-
tes,
Et prenſos domitare boues & licia telæ
addere.

Le 18 bon vaquer & ſoigner à ſes
affaires, dangereux pour le malade
en danger de mort ſelon le ſigne. le
ſonge certain, l'enfant laborieux &
riche d'acqueſts, à grãd peine ſe trouuera le larcin ou choſe perdue,

Le 19. bõ pour le malade qui guerira de bref le ſonge vray, lenfant
malheureux & trompeur, ſpecialement ſi le ſigne eſt mauuais, au reſte

dāgereux pour chercher cōpagnees
ou autrechoſe faire.

Le 20. bon à faire toutes choſes,
longue maladie, ſonge vray, & appa-
rent, l'enfant trompeur & malicieux
larcin celé.

Le 21. bon pour ſe veſtir honneſtement, achepter nourriture, le malade en danger, l'enfant de grand tra-
uail, le larcin retrouué, & le ſōge vain
& de neant.

Le 22. malheureux à faire ou en-
treprendre quelque charge, le malade en danger de mort, ſonge vray,
l'enfant bon & honneſte.

Le 23. heureux, la maladie non
mortelle mais longue, le ſonge faux,
l'enfant ne cōtrefait, ne laid, heureux
ſucces en affaires.

Le 24. iour indifferent ſpecialement ſi le ſigne s'y accorde, maladie
longue non mortelle, ſonge de nul

effect, l'enfant doux & benin, defi-
reux & aimant à faire grand chere.

Le 25. malade en danger de mort, le
6. iour apres le commancement de fa
maladie, fonge dangereux, l'enfant
fubiet à perils & aduerfitez.

Le 26. iour dangereux, le malade mourra le fonge certain, affez bõ
& mediocre pour l'enfant né cedit
iour.

Le 27. bon commencer toutes affaires, la maladie diuerfe, les fonges
en fufpens, l'ẽfant doux & amiable.

Le 28. toutes chofes bonnes com-
mencees ce iour reuffiront à bien, le
malade recõforté, l'enfant pareffeux,
le fonge bon.

Le 29 iour malheureux à entre-
prendre, fonge certain, le malade
guerira l'enfant fera paifible, la chofe
perdue ne fera recouuerte.

Le dernier & 30. eft heureux à

tout faire, le malade en grand danger s'il ne meurt & n'eſt bien penſé;
le ſonge ſe conuertira en ioye dedás
le 5. iour, l'enfant fin & ruſé, choſe
perdue retrouuée, voyez le neufieſ-
me chap. de la maiſon ruſtique, d'ou
cecy a eſté extraict pour ſoulager le
lecteur de peine, le ſigne auſſi auquel
eſt la Lune ce iour là ſelon qu'il eſt
propre ou contraire au ſubiet enquis
vous aydera beaucoup au iugement,
elle a auſſi plus de force de nuit que
de iour, & autres choſes ſont meilleu-
res à faire en icelle que les autres, diſant le Poëte.

Multa adeò gelida meliùs ſe noſte dedere
Quàm quùm Sole nouo terras irrorat
    Eous
Noſte leues meliús ſtipulæ, noſte arida
    prata
Tundentur, noſtis lentus non deficit hu-
    mor.

De la comparaison d'vn iour à vne année.

Art. VIII.

AINSI que l'homme est vn petit monde racourci: ainsi on peut dire d'vn iour à vne année, & estre vn abregé d'icelle & pareillemét vne année estre vn iour: car tout ce qui se trouue d'Equinoxes de solstices, de froid, de temperature, de chault, des 4. saisons, & en fin de lumiere & tenebres en vne année solaire le semblable se trouue en vn iour naturel d'Esté, c'est pourquoy és liures sacrez ordinairemét vn an est apellé vn iour & vn iour vn an, mille ans, mais il faut conter les heures du iour pour ce faire nó cóme aucuns font par 24. heures il n'y a rien de certain ny aucun poinct arresté en cette façon cela ressentant trop sa barbarie, ains comme nous faisons par deux poincts certains minuit & midy, auttement nommez le Nadir, & le Zenit, ses Equinoxes sont les six heures du matin & les six heures du soir, ses solstices ou tropiques ausquels le Soleil est au plus haut & au plus bas de sa course annuele sont les poincts de minuict & de midy, ausquels le Soleil est aussi au plus haut & plus bas du iour. Les deux Equino-xes & deux solstices diuisent iustement l'année en 4. parties esgalles chacune de 3. mois, aussi les 4. poincts de six heures du matin & du soir & le minuict & midy diuisent le iour iustement en 4. parties esgalles chacune de six heures qui represétét pour chaque mois deux heures : Au pre-

mier Equinoxe le Soleil eſtant au milieu de ſa monſtée ameine la ſaiſon
printaniere aboutiſſant d'vn bout à
l'Hyuer, & d'autre bout à l'Eſté lors
qu'il eſt le plus haut eſleué ſur nous,
auſſi à ſix heures du matin le Soleil
eſtant au milieu deſa montée nous a-
meine comme vne ſaiſon printaniere & temperée du iour, aboutiſſant d'vn bout à la fraiſcheur grande
du matin, & d'autre bout à la chaleur
commançant lots qu'il eſt plus haut
eſleué ſur nous : En apres eſtant au
plus haut en ſon ſolſtice & commençant à decliner il ameine la ſaiſon la
plus chaude de l'année qui eſt l'Eſté,
aboutiſſant d'vn bout au Printemps,
& d'autre bout à l'Autóne autre ſaiſó
temperée, ainſi eſtant le plus haut eſleué à midy & commençant à decliner il ameine la gráde ardeur du iour
aboutiſſant d'vn bout à l'autre des ſix

heures du soir saison tempereé & a-
greable. Tiercement le Soleil estant
au milieu de sa descente secód Equinoxe ameine l'Automne saison moderée aboutissant d'vn bout à la chaleur moderée de l'Esté & de l'autre au
commancemét de l'Hyuer lors qu'il
est le plus bas & esloigné de nous,
aussi estant à six heures du soir au milieu de sa descente il ameine vn air
temperé, & plaisant aboutissant
d'vn bout à la chaleur moderée du
iour & de l'autre à la fraischeur com-
méçant à minuict lors qu'il est le plus
bas & reculé de nous. Finalement le
Soleil estant au plus bas & commançant à remonter & nous reuenir a-
meine la saison la plus froide de l'année qui est l'Hyuer, au milieu de deux
saisons temperees. aussi estát minuit
au plus bas & commançant à remó-
ter & nous reuenir il ameine vne grá-

de fraifcheur qui fe fait quelquefois
fentir bien afprement iufques à fix
heures du matin quelle fraifcheur eft
au milieu de deux temperatures d'air.
Au refte chacun quartier du iour fe
rapporte fi bien à chacune faifon
de l'an par proportion, diminution.
ou augmentation de froid de temperature ou de chaleur que rien ne
peut mieux: Et non feulemẽt la pro-
portiódu chaud & du froid del'ánée
fe raporte aufdits quatre principaux
poinꝗs du iour: mais auſſi aux heures ainfi cóme aux mois, prenát cóme dit a efté, deux heures pour chacũ
mois, car comme le premier & troifiefme mois d'vne faifon retiennent
du naturel & de la qualité de leurvoi-
fin, auffi lefdites heures felon qu'elles s'approchẽt ou reculent de l'vn
defdits quatre poinꝗs principaux du
iour obferuent & reprefentent à peu

pres la mesme temperature, ou de
chaleur ou de fraischeur.

Omissum hoc addendum Art. 31. Carmen.

*Ad singulas corporis humani partes duo-
decim signorum Zodiaci directio.*

Mnipotentis acu quæ picta
micantia cernis
Aurea signiferæ bis sex ani-
malia zonæ
Humanos subigunt radiis cælestibus artus
Membratimque tenent hominem quæ di-
gna notatu
O quisquis medicas artes profitere Ma-
chaon
Accipe, ne scalprum temerè rigidumúe
specillum
Partibus immittas læsis quum Cynthia
lustrans
Signiferũ dominos illarum accëderitignes:
Tu

Tu biduum differ votis potiora refurgent
Sydera namque tui pars eft inftructa peri-
    cli.
    Vt coniux ouium primas fibi vendicat
      anni
Quum vernum folem noftras ablegat ad
    Arctos
Sic tenet & capitis partes hominique fu-
    perne
Imminet, hunc fequitur feptena Pleiade
    ftellans
Taurus & Is gracilem colli fibi fubijcit
    Ifthmum.
Pone fubit Floræ an Veneri dilectior ignis
Incertum foboles duplex, ea temperat ar-
    mos
Brachia ramofafque manus fratrefque la-
    certos.
Humidus exoritur Solem & Pyroenta re-
    ceffim
Taprobanen abigens Cancer qui pectora
    princeps

T

Occupat & scitos gemipomi pectoris orbes.
Ecce Molorchæus sequitur cui lumina flamma
Et Iuba terribilis rutilant Canis æstifer vnà
It comes, hæc hominis Mauortia corda lacessit
Egregiè cordata pecus stomachumque latrantem
Imperiis premit: inde nitet Cerealis aristæ
Munera quæ gestat præstanti corpore virgo
Hæc quoniam sterilis lumbos sortita salaces
Temperat ex altò ventrique immittit habenas.
Subsequitur qui recta manu librilia fulgens
Librat & appensas triplici bombyce bilances
Queis luce expendit tenebras (Autumnus & Euan
Conueniunt, pomis vnam de lancibus ille

Hic aliam cumulatim vuis turgentibus
   opplet)
Vt medius medias partes tenet inque ve-
   renda
Dirigit Examen, cauda metuendus acuta
Scorpius è picto ſetoſa per inguina cœlo
Et teretes clunes radiatum inſigne coruſ-
   cat:
Hirſuti femoris dominatio contigit illi
Lunat Jturæum manibus qui ſemiuir ar-
   cum
In Chelas, auerſus cum qui à ſede Borea
Reijcit ignauũ ſolem Capricornus in Au-
   ſtros
Sarmaticam trudens glaciem ventoſque
   furentes:
Js genua & quà crus coxæ connectitur imæ
Ancipiti nodo ceu quem Iouis armiger
   vncis
Vnguibus arripuit nunc autem iugis aquæ
   fons
Crura regit, Pueroq; duplex eſt tibia curæ

Ephemeride
Corporis humani fulcrum ceu fublica pŏtis.
Denique fulgentes fquammis infignibus
auro
Vltima pars anni Pifces pars vltima cælĩ
Jrradiant connexa pedum plantafque pe-
dales.

FIN.

Table perpetuelle du Cycle des Epactes
prife du Kalendier Gregorien.

P	L	C	c	p	F	f	s	M	i
✳	11	22	3	14	25	6	17	28	9
A	a	m	D	d	q	G	g	t	N
20	1	12	23	4	15	26	7	18	29
K	B	b	n	E	e	r	H	h	u
10	21	2	13	24	5	16	27	8	19

Cette table est interpretee par les articles 9. & 10.
de la 3. part. & 12. de la 2. part.

	Annees de nostr. Seig. Ie-sus Chr.		Années de nostr. Seig. Ie-sus Chr.		Années de nostr. Seig. Ie-sus Chr.
N	1	A	2200.	q	3600. bis.
P	300. bis.	u	2300.	p	3700.
P	500. bis.	A	2400. bis.	n	3800.
a	800. bis.	u	2500.	n	3900.
b	1100. bis.	t	2600.	n	4000. bis.
c	1400. bis.	t	2700.	M	4100.
D	1582.	t	2800. bis.	L	4200.
D	1600. bis.	s	2900.	L	4300.
C	1700.	s	3000.	L	4400. bis.
		r	3100.	K	4500.
C	1800.	r	3200. bis.	K	4600.
B	1900.	r	3300.	i	4700.
B	2000. bis.	q	3400.	i	4800. bis.
B	2100.	p	3500.	i	4900.

NOus auions obmis à dire qu'il y a au dos de l'Aſtro-labe vn cercle & aux Breuiaires à preſent vne table où ſont les lettres ſepmainieres auec les Epactes qui enſeignent la maniere de trouuer la feſte de Paſques qui eſt que lors que nous auons tel nombre d'or ou telle Epacte ladite feſte eſt touſiours celebree le prochain Dimanche apres tel iour de Mars ou Auril, comme quand nous auós 11. de nóbre d'or ou 1. d'E. ſa cópagne en ce reglemét la feſte de Paſques eſt infailliblement le Dimanche apres le 11. d'Aur. quand nous auós 14 dudit nomb. ou ſon Epacte. 24 ladite feſte eſt le Dimanche ſuiuant apres le 18. Aur. Cette regle n'eſt autre choſe ſinon ce que nous auós enſeigné en l'art. 7. mal cotté pour le xix. de la 4. part. du petit nomb. d'or, lequel nous auons couché ſur le 21. de Mars fol. 71. verſ. cómençant par 3. & finiſſant par 14 ſur le 18. Aur. au lieu duquel il faut mettre les 30. nóbres epactaux cómançát par 23. ſur le dit 21. Mars, puis en decontant 22.21.20. &c. iuſques à 26. ſur le 17. & 24. ſur le 18. de Aur. car l'Epa. 25. doit eſtre couchee ſur leſd. deux iours pour en vſer ſeló l'art 12. de la 2. part. quád le nób. d'or eſt au deſſus de 12. prendre telle de deſſus. & l'autre quand il eſt au deſſous de 13. Notez que chaque nób. d'or ou Epacte a 7. iours diuers & non plus, ſur leſquels elle peut dóner ladite feſte: regle perpetuelle & immuable.

PAg. 4. au lieu de gloſſa liſez groſſa. pag. 5. li. 3. oſtez (du) deuant Solaire. fol. 7. ẏ ſo. l. 7. oſtez (de) apres ce mot reformation & la virgule apres Venus: En la meſme page le charactere de la Lune doit eſtre ainſi ☽ & non ▢. pag. 9. li. 14. oſtez (uingtcinquieſme, & liſez 28. fol. ẏ ſo l. 9. au lieu d'on liſez ou. pag. 14. au lieu en Phœbus liſez en Feburier. fol. 27. ẏ ſ. li 8. au lieu tel eſtoit

le nombre, lifez le nom. fol 23. ꝟf. au lieu efquels
iours le trantiefme, lifez & quel iour eſt le tan-
tiefme. pag. 37. ou ya fonder, li. fonder. fol. 30. ꝟf.
li. 3. annus. pag. 39. l. 13, aū lieu de furni lifez furui.
fol. ꝟf. cæruleos, au lieu d'iratus, lifez nactus, au
lieu de Maius lifez mauis, & au lieu de merc,
merx, & au lieu d'omnia, omnis. pag. 40. li. 3. lifez dum Luna, li. 4. Spiciferam. lig. 11. calidos. li.
16. tutumūe lifez nè au lieu de uè, fol verf. pun-
git au lieu de pingit. fol. 35. art xix. mettez xxix.
pag. 38. art. xxi mettez xxxi. pag. 41. lig. 1. lifez
Æmonias au lieu d'æmomas, & flamma ou y a flamina. lig. 12. lifez id figni. lig. 16. imminuet au
lieu de imminet. fol. ꝟf. au lieu de fudā lifez fun-
dam. & au lieu de Arniuæ, lifez aruinæ, lifez en
cœlum au lieu d'in cœlum. lig. 13. pernio au lieu
de peruio, li. feq. ebuliuè au lieu de nè, & au dernier vers acipenfere au lieu d'o. pag. 42. lig. 2. lif.
fcalpro. fol. 45. verf. au 1. iour du mois de Iuin,
oſtez 11. pa. 44. au mois de Iuil. 8. iour au lieu de
5. mettez v, à droitte vis à vis. fol. 44. verf. au mois
Decemb. 13 iour mettez 1. à gauche pour le nō-
bre d'or. pag. 45. le chiffre eſt oublié mettez à la
9ᵉ lettre de la 2. coulonne ceci 9. au lieu de q, à la
7. col. lettre 12. au lieu de g, metrez h. à la 13. col,
lettre 10. au lieu de q, mettez 9. & à la 15. col. let:
3. & derniere col. lettre 16. au lieu de z, mettez 9.
fol, 48. verf. lig. 18. apres ce mot de medecin mettez Iuillet. fol. 52. verf. lifez fepmainieres au lieu
de fepmainere. fol. 28. ꝟf. apres vnū, mettez vne
virgule oſtez celle apres Mars & la mettez apres
Quatuor. pag. 29. oſtez le comma, apres folis &
la virgule apres natus. fol. 27. verf. lig. 16. oſtez le
cōma apres aduna, & lign. 18. au lieu de quinta li-

fez fexta. pag. 55. lig. 19. où y a domumque lifez
donumque. fol. verf. lig. 15. lifez en fa fleur force,
&c. fol. 58. verf. lig. 3. lifez vimineus, & à la fin du
vers fuiuant vernam. pag. 59. lig. 9. lifez aceruat,
& au vers fuiuant trieteride. fol. verf. lig. 6. lifez
fapuit au lieu de fapiat. pag. 62. lig. 8. lifez on attribue vn au 1. an. pag. 63. lig. 3. lifez qui a cours. f.
64. verf. apres vndin mettez noct. pag. 66. lig. 18.
au lieu dé 60. lifez ho. en la ligne fuiuante au lieu
d'11. mettez 10. fol 71. verf. au 10. de Feurier tirãt
à gauche. mettez 19. de nom. d'or. & fus ies 29.
& 30. Iuin couchez 9. & 17. au lieu de 6. & 7. fol.
73. verf. au lieu de nombrent, mettez nombre.
pag. 74. lig. dern. lifez les regle. fol. verf. au lieu
de mandier lifez merquer. pag. 75. faut mettre
l'Epacte. 9. qui a efté obmife au bout du reglement. pag. 79. au lieu de nonna, lifez norma. fol.
80. verf. lign. 6. oftez pour, lifez & puis. pag. 83.
lig. 8. Æftifero, & lig 15. au lieu de fueras, facias.
fol. 86. verf. li vlt. lifez à cunis, au lieu d'a cuius.
fol. 87. verf. au lieu de ceu lux, lifez ceu nix, & lig.
10, Iberùm. pag. 89. lig. 18. lifez fonoros, & au
lieu de ratam li. vlt. rotam. pag, 91 lig. 1. ou y a
art. 51. c'eft l'11. de la 2. part. fol. 90. verf, art. 58
c'eft le 4. de la 3. part. fol. 96. verf. ou y a orna lifez annus. pag. 97. lig 10. ou y a, nomen feu , lifez, vomer ceù. pag. 98. fermez la parenteze apres
edocui, & li. 3. au lieu de qui lifez cui. fol. 100. vf.
lig. 14. au lieu d'autrement lifez auoir. pag. 104.
lig. 16. le quantiefme de la Lune efcheoit. fol. 103.
verf. lig. 1. lifez lunatio. pag. 111. l'art. 45. eft le 6.
de la 2. patt pag. 124. lig. 18. au lieu de repletus. lifez reple tuos. pag. 109. mettez art. 2. au lieu de 14.

* 9 7 8 2 0 1 4 4 5 2 4 8 8 *